培訓叢書 ㉝

U0034496

解決問題能力培訓遊戲

吳克禮/編著

憲業企管顧問有限公司　　發行

《解決問題能力培訓遊戲》

序　言

　　在工作中難免會遇到各種問題，企業管理者首先應該面對問題而不是逃避問題，其次是勇往直前地去解決。管理者能力如何提高，關鍵就是在問題解決過程中，逐步獲得提高能力。

　　某家報紙曾刊載汽車界大王福特汽車公司老闆亨利‧福特的訪談。記者問：「如果現在有一位知識豐富的人，曾獲得全美國問答遊戲冠軍，您會用多少薪水聘雇他呢？」

　　福特：「大概 25 美元到 30 美元左右，和買一套百科全書的錢差不多。」

　　記者再問：「那麼，您會用高薪聘請什麼樣的人才？」

　　福特：「我最想聘請的，是擁有遠大目標，並且有能力快速解決問題的人。」

　　你解決問題的能力，直接決定著你是否能勝任工作、承擔

責任。本書編輯主旨，就是要告訴你如何解決問題，從如何提高問題識別能力、問題分析能力、溝通能力、行動能力、選擇技巧能力、學習能力等，透過這些系列項目，找到如何解決的方法。在本書中斬使用培訓遊戲方式加以解說，找到解決答案，從而提高各位學員的解決問題能力。

作為培訓師，授課成功的技巧，是通過一些「有趣遊戲」「小故事」，來闡釋管理中的「大道理」，從而引發學員的思考與行動，使棘手問題迎刃而解。

本書內文，都是培訓師挑選的趣味性培訓遊戲、有意境的小故事，會令人欣然接受。通過本書中生動有趣的遊戲、故事寓言，可以讓嚴肅的課堂變得笑聲朗朗，並能引發無限的思考與行動。

本書 2016 年 3 月出版，目的是培訓學員有關解決問題的能力，整理出培訓師最常用的遊戲與故事，以達到「在遊戲中找出方法」之目的，使受訓學員能夠切實提高解決問題能力。

2016 年 3 月

《解決問題能力培訓遊戲》

目　錄

1、 如何解決加油站的價格競爭 ⋯⋯⋯⋯⋯⋯⋯ 6

2、 如何成功渡過河 ⋯⋯⋯⋯⋯⋯⋯⋯⋯⋯⋯ 12

3、 認準目標 ⋯⋯⋯⋯⋯⋯⋯⋯⋯⋯⋯⋯⋯⋯ 17

4、 管理創新能力自測題 ⋯⋯⋯⋯⋯⋯⋯⋯⋯ 24

5、 行動的動機 ⋯⋯⋯⋯⋯⋯⋯⋯⋯⋯⋯⋯⋯ 29

6、 堅持就是勝利 ⋯⋯⋯⋯⋯⋯⋯⋯⋯⋯⋯⋯ 34

7、 接毛巾 ⋯⋯⋯⋯⋯⋯⋯⋯⋯⋯⋯⋯⋯⋯⋯ 40

8、 解決問題能力自測題 ⋯⋯⋯⋯⋯⋯⋯⋯⋯ 46

9、 角力 ⋯⋯⋯⋯⋯⋯⋯⋯⋯⋯⋯⋯⋯⋯⋯⋯ 51

10、 踩數字 ⋯⋯⋯⋯⋯⋯⋯⋯⋯⋯⋯⋯⋯⋯⋯ 58

11、 遵照指令行動 ⋯⋯⋯⋯⋯⋯⋯⋯⋯⋯⋯⋯ 64

12、 識別能力自測題 ⋯⋯⋯⋯⋯⋯⋯⋯⋯⋯⋯ 72

13、 指揮方向 ⋯⋯⋯⋯⋯⋯⋯⋯⋯⋯⋯⋯⋯⋯ 77

14、 顛倒乾坤 ⋯⋯⋯⋯⋯⋯⋯⋯⋯⋯⋯⋯⋯⋯ 83

15、 積極應對 ⋯⋯⋯⋯⋯⋯⋯⋯⋯⋯⋯⋯⋯⋯ 87

16、 分析能力自測題 ⋯⋯⋯⋯⋯⋯⋯⋯⋯⋯⋯ 93

17、 故事接龍 ⋯⋯⋯⋯⋯⋯⋯⋯⋯⋯⋯⋯⋯⋯ 98

18、搶地盤 ································ 104

19、獎金的競賽 ·························· 112

20、溝通能力自測題 ····················· 119

21、紙牌 ······························· 124

22、心心相印 ·························· 129

23、捆綁行動 ·························· 136

24、計劃管理能力自測題 ················· 141

25、大家掉進蜘蛛網 ··················· 146

26、如何贏得客戶 ····················· 151

27、盲人作畫 ·························· 157

28、行動能力自測題 ··················· 162

29、穿越雷區 ·························· 167

30、拼圖 ····························· 173

31、尋獵 ····························· 180

32、方法技巧運用能力自測題 ··········· 186

33、要為三人來分寶 ··················· 191

34、找出相應的數字 ··················· 199

35、越過兩人來移動 ··················· 204

36、解決態度測評 ····················· 211

37、問題產生的根源 ··················· 217

38、失蹤了的 10 文錢 ················· 225

39、怎樣巧妙來等分 ··················· 233

40、解決方法測評 ····················· 239

41、應該如何來分錢 ··················· 245

42、任務傳達的問題 ————————251

43、口述繪圖的遊戲 ————————258

44、解決要點測評 ——————————266

45、為明天制訂計劃 ————————272

46、迅速行動的遊戲 ————————278

47、製作海報 ————————————284

48、解決能力測評 ——————————288

49、創意寫在飛機上 ————————294

50、綜合解決能力測評 ——————301

1 如何解決加油站的價格競爭

遊戲目的：

使所有參加的學員體會在企業運作中雙贏思維的應用和溝通的重要性。

加油站競爭是一個培養團隊成員正確競爭意識的遊戲。在這個遊戲中，透過不同定價方式和結果，能使團隊成員明白，「鷸蚌相爭」或「閉門造車」只能讓雙方俱損，而與競爭對手進行有效的溝通與談判才能實現共贏。

遊戲人數：參加人數 40～60 人

遊戲時間：30～50 分鐘

遊戲場地：大培訓室

遊戲材料：圖表

遊戲步驟：

1. 全體參加者按自願或由培訓人員指派，組成 4～6 人的若干小組。組數必須為偶數。

2. 然後將每兩組配對，彼此作為競爭對手。假設每一小組正在經營一家汽車加油站。

3. 請各組分別給自己的加油站命名，報知培訓人員。

4. 配對的加油站假設都處在同一城市，而且坐落在同一條公路交叉的兩側，彼此相對而居。他們爭取著同樣的顧客——過往的車輛。

5. 相互競爭的兩隊在教室中各自集中的地點應儘量相隔遠一點，以免討論經營策略時被對方有意無意地「竊聽」到。

6. 各加油站定期決定下一週的油價。

7. 經驗證明：適當提價，可增加利潤額；提得過猛，顧客就不敢問津了。但真正的贏利卻與對手的定價策略密切相關。

8. 如果雙方維持原價，這一週期內雙方的銷售額都只有 2 萬元；若雙方同時適當提價，則這一週期內雙方的銷售額都增至 3 萬元；即共同受益。問題難在當一方提價，另一方維持原價時，顧客都湧到維持原價的一方去，使那邊顧客盈門，門庭若市，銷售額猛增至 4 萬元，而提價的一方顧客裏足，門可羅雀，銷售額跌至只有 1 萬元。

綜合各種定價決策可能出現的銷售情況請看下表：

定價決策		本週期銷售額（￥）	
甲站	乙站	甲站	乙站
提價	提價	30000	30000
原價	原價	20000	20000
提價	原價	10000	40000
原價	提價	40000	10000

第一階段競爭：

此階段的特點是兩對手之間互不往來，彼此不通氣，各自關門決策。這一階段可包括若干調價週期（最多可至 8 輪）。每一週期給各加油站 3 分鐘時間討論並作出定價決策。決策結果寫在紙上呈交

培訓人員，集中公佈。待此階段各輪競賽結束，裁判統計銷售額，裁定下列名次或優勝方：

⑴各對競爭者的優勝方；

⑵全班各競爭對（兩加油站）合計銷售額最高的一對；

⑶全班按全階段銷售額的頭一、二、三名。

第二階段競爭：

方式與第一階段一樣，唯一不同的是在每一決策前，各站派出一代表，與對手方面的代表做短期私下接觸溝通，談判協調行動，達到定價默契的可能性。名次裁決同前。

9. 兩階段競爭結束後，各小組分別就下列問題總結討論：

⑴第一、第二階段競爭有何不同？

⑵在這兩階段各有何經驗教訓？

⑶最理想的競爭策略是什麼？

然後每組推 1～2 名發言人，在隨後的班級討論中向全班報告討論過程和結果，展開辯論，爭取達成共識。

分享與交流過程由培訓人員操控，遊戲所傳達的精神除參與者「親驗式體會」，培訓人員的點撥起著點睛作用，必不可少，須精心準備。

遊戲討論：

1. 在決定定價時，組內是否出現了不同意見？最後是如何統一的？

2. 在同競爭對手溝通時，如何進行有效溝通？同時在進行信息交換時又能維護本隊的利益？

3. 只有同競爭對手進行有效的溝通與談判，在調價上達成一

致，才能實現彼此共同盈利。

4.可以將第一階段和第二階段的競爭互換一下順序，先讓競爭隊體驗一下兩隊和諧、共贏的感覺，再體驗一下兩隊互相防備為競爭而焦頭爛額的感覺。讓兩隊比較出那種策略才能獲得長遠利益，從而選擇出最佳方案。

培訓師講故事

◎電梯何不放外面

過去，有一家酒店因業務做得十分紅火，安裝的電梯不夠用，經理打算再增加一部。專家們被請來了，他們研究認為，唯一的辦法就是在每層樓都打個洞，直接安裝新電梯。

就在專家們坐在酒店大堂裏商談工程細節的時候，他們的談話恰巧被一位正在掃地的清潔工聽到了。清潔工對他們隨口說道：「每層樓都打個洞，肯定會弄得塵土飛揚，到處都亂七八糟的。」

專家答道：「這是難免的，誰讓酒店當初設計時沒有想到多裝一部電梯呢？」

清潔工想了一會兒，說道：「我要是你們，我就把電梯裝在樓的外面。」

專家們聽了清潔工的話陷入了沉思，但他們馬上為清潔工的這一提議拍案叫絕。從此，建築史上出現了一個新生事物——室外電梯。

思考導向

解決問題時，管理者要敞開言路，廣納諫言，而不僅僅只是專業人士的意見。

管理者如果把思維限定在一個房間內，就不能在房外解決問題；管理者如果把大腦放在井底，就無法看到井口之外的廣闊天空。

培訓師講故事

◎單純能處理任何危機

英國某家報紙曾舉辦一項高額獎金的有獎徵答活動。題目是：在一個充氣不足的熱氣球上，載著三位關係世界興亡命運的科學家。

第一位是環保專家，他的研究可拯救無數人們，免於因環境污染而面臨死亡的厄運。

第二位是核子專家，他有能力防止全球性的核子戰爭，使地球免於遭受滅亡的絕境。

第三位是糧食專家，他能在不毛之地，運用專業知識成功地種植食物，使幾千萬人脫離饑荒而亡的命運。

此刻熱氣球即將墜毀，必須丟出一個人以減輕載重，使其餘的兩人得以存活，請問該丟下那一位科學家？問題刊出之後，因為獎金數額龐大，信件如雪片飛來。

在這些信中，每個人都竭盡所能，甚至天馬行空地闡述他們認為必須丟下那位科學家的宏觀見解。最後結果揭曉，巨額獎金的得主是一個小男孩。他的答案是：將最胖的那位科學家丟出去。

思考導向

有時候我們面對問題的時候，考慮解決問題，如果我們能單純一點，很多問題就能輕鬆解決。

培訓師講故事

◎失去小鳥因寡斷

華裔電腦名人王安博士，聲稱影響他一生的最大的教訓，發生在他 6 歲之時。有一天，王安外出玩耍。路經一棵大樹的時候，突然有什麼東西掉在他的頭上。他伸手一抓，原來是個鳥巢。他怕鳥糞弄髒了衣服，於是趕緊用手撥開。

鳥巢掉在了地上，從裏面滾出了一隻嗷嗷待哺的小麻雀。他很喜歡它，決定把它帶回去餵養，於是他連同鳥巢一起帶回了家。

王安回到家，走到門口，忽然想起媽媽不允許他在家裏養小動物。所以，他輕輕地把小麻雀放在門後，急忙走進屋內，請求媽媽允許。

在他的苦苦哀求下，媽媽破例答應了兒子的請求。王安興

奮地跑到門後，不料，小麻雀已經不見了。一隻黑貓正在那裏意猶未盡地擦拭著嘴巴。王安為此傷心了好久。這件事給了王安一個深刻的教訓，他由此得出一個結論：只要是自己認為對的事情，絕不可優柔寡斷，必須馬上付諸行動。

 **思考導向**

　　快速行動能催生成功，而猶豫、拖延將不斷滋生失敗。

　　有時，管理者不能下定立即行動的決心，雖然不會做錯事，但也失去了大好機會。

2　如何成功渡過河

遊戲目的：
讓遊戲參與者認識方法的重要性。
讓遊戲參與者透過方法解決問題。

遊戲人數：不限

遊戲時間：15 分鐘

遊戲場地：室內

遊戲材料：每人一張印有題目的試卷

遊戲步驟：

1.假設河一邊的岸上有 3 隻兔和 3 隻狼，河裏面有條船。船一次只能運他們其中的兩個。

2.要求這 3 隻兔和 3 隻狼在 15 分鐘內均乘船過河，抵達對岸。

3.在乘船過河的過程中，任何一邊的狼都不能比兔多，否則狼將吃掉兔，任務即宣告失敗。

4.請問用什麼方法可以順利完成任務？

參考答案：

1.兩隻狼上船過河。

2.回來一隻狼，再上一隻狼，兩隻狼過去。

3.回來一隻狼，狼上岸。兩隻兔上船。

4.一隻兔上岸，一隻狼上船，此時，兩岸和船上都是一兔一狼。

5.船上一兔一狼回來，狼上岸，兔上船。兩隻兔過去，此時，對岸一兔一狼，船上有兩隻兔，原來的岸上有兩隻狼。

6.兩隻兔都上岸，一隻狼上船劃回原來的岸邊，再上一隻狼，此時，對岸三隻兔，船上有兩隻狼，原來的岸上只有一隻狼。

7.一隻狼上岸，另一隻狼回來接原來岸上的狼過河。

遊戲討論：

找對方法，才能做對事。管理者想要叩開成功的大門，必須能夠想到正確的方法，並把這種方法運用到執行中去。

管理者需要透過邏輯思考，理清問題的線條，只有這樣做才能

清晰地找到合適的方法和步驟，最後做出正確的抉擇。

培訓師講故事

◎蜜蜂和蒼蠅的不同命運

　　如果把六隻蜜蜂和六隻蒼蠅裝进一個玻璃瓶中，然後將瓶子平放，讓瓶底朝著窗戶，會發生什麼情況？

　　你會看到，蜜蜂不停地想在瓶底上找到出口，一直到它們力竭倒斃或餓死；而蒼蠅則會在不到兩分鐘之內，穿過另一端的瓶頸逃逸一空，事實上，正是由於蜜蜂對光亮的喜愛，由於它們的智力，蜜蜂才滅亡了。

　　蜜蜂以為，囚室的出口必然在光線最明亮的地方；它們不停地重覆著這種合乎邏輯的行動。對蜜蜂來說，玻璃是一種超自然的神秘之物，它們在自然界中從沒遇到過這種突然不可穿透的大氣層，而它們的智力越高，這種奇怪的障礙就越顯得無法接受和不可理解。

　　那些愚蠢的蒼蠅則對事物的邏輯毫不留意，全然不顧亮光的吸引，四下亂飛，結果誤打誤撞地碰上了好運氣；這些頭腦簡單者總是在智者消亡的地方順利得救。因此，蒼蠅得以最終發現那個正中下懷的出口，並因此獲得自由和新生。

思考導向

　　企業生存的環境可能突然從正常狀態變得不可預期、不可想像、不可理解，企業的「蜜蜂」們隨時會撞上無法理喻的「玻

璃之牆」。這個世界變化太大,我們需要張開雙臂,全身心地投入這一時代,學會用不同的方式思考問題,在這個充滿變革的時代裏,我們要加快速度前進。只有努力創新,才會有前途。

培訓師講故事

◎汽車的馬力有多大

奧克拉荷馬州的土地上發現了石油。該地的所有權屬於一位年老的印地安人。這位老印地安人終生都在貧窮之中,一發現石油以後,頓時變成了有錢人,於是他買下一輛卡迪拉克豪華旅行車,買了一頂林肯式的禮帽,結了蝴蝶領帶,並且抽黑色大雪茄,這就是他出門時的裝備。每天他都開車到附近的小奧克拉荷馬城,他想看每一個人,也希望被每個人所看到。他是一個友善的老人,當他開車經過城鎮時,會把車一下子開到左邊,一下子開到右邊,跟他所遇見的每個人說話。有趣的是,他從未撞過人,也從未傷害人。理由很簡單,在他的大汽車正前方,有兩匹馬在拉著。

當地的技師說那輛汽車一點毛病也沒有,這位老印地安人永遠學不會插入鑰匙去開動引擎。汽車內部有一百匹馬力,而現在許多人都誤以為那輛汽車只有兩匹馬力而已。

思考導向

我們一個人的一生,所開發使用的能力是其本身所擁有的

百分之二到百分之五。問題的關鍵不是我們笨，而是我們要學會「插入鑰匙去開動引擎」，激發我們內在的能力去為我們創造一個更美好的未來。人類最大的悲劇並不是天然資源的巨大浪費，雖然這也是悲劇。但最大的悲劇卻是人力資源的浪費。

培訓師講故事

◎猴子如何來管理

大象和猴子分別成立了自己的公司。

大象公司就像一般大多數公司一樣，它的職員喜歡沒事看看報紙，聊聊天，然後坐著等下班。大象雖然多次強調大家要提高工作效率，可並沒有多大起色。聽說猴子公司管理得不錯，大象就帶領一批職員前去猴子公司考察，它在那兒發現了一個奇怪的現象。

大象口渴，想喝水，它發現猴子公司的辦公室裏竟然沒有飲用水。一問才知道，猴子規定在辦公室內不准喝水，要喝水必須去飲水處。

於是大象來到了飲水處，又是一驚，它看到一種從未見過的一次性杯子——錐形水杯。這個杯子只能拿在手裏，不能放下來；也就是說，它讓你必須馬上喝完水，喝完就投入到工作中去。

思考導向

　　提高工作效率是管理創新的重要任務，為此，管理者要認真觀察、仔細分析，任何一個微小的細節變化都可能帶來意想不到的效果。

　　管理創新並不一定非是管理制度、組織結構等大的改變，一切可以提高管理水準和效果的內容都應納入管理創新的範疇。

---

3 認準目標

遊戲目的：

讓學員認識到行動需要夥伴的幫扶。

讓學員認識到行動需要目標的指引。

遊戲人數：8 人

遊戲時間：30 分鐘

遊戲場地：室外空地

遊戲材料：4 副眼罩

遊戲步驟：

1. 將學員按照兩人一組分為 4 組，給 4 組各發一副眼罩。

2. 將學員帶到場地的一端，在場地的另一端畫 4 個大「×」作為目標，為每組指定目標。

3. 每組搭檔中一人蒙上眼罩從起點出發去找目標，一人作為監護員跟在其身後。監護員的職責是：

⑴保護遊戲者不被絆倒。

⑵提醒遊戲者，以免其與他人相撞。

⑶不能阻礙遊戲者的行進。

⑷不能提示遊戲者目標方位。

4. 當蒙眼者感到到達目標時，就可以停下來，摘下眼罩，看其現在的位置與目標有多遠。

5. 搭檔互換角色，重覆遊戲。

培訓師還可以給遊戲參與者 3 次摘下眼罩的機會，4 組進行比賽，看那組用最短時間到達目標。

遊戲討論：

1. 為什麼遊戲者第一次到達的地方總是離目標有一定的距離？

2. 你是如何憑著自己的感覺找到目標的？

3. 缺乏目標的行動對你會有怎樣的影響？

附件：

場地示意圖

培 訓 師 講 故 事

◎鯊魚與魚

　　曾有人做過實驗，將一隻最兇猛的鯊魚和一群熱帶魚放在同一個池子，然後用強化玻璃隔開，最初，鯊魚每天不斷衝撞那塊看不到的玻璃，可是這只是徒勞，它始終不能過到對面去，而實驗人員每天都放一些鯽魚在池子裏，所以鯊魚也沒缺少獵物，只是它仍想到對面去，想嘗試那美麗的滋味，每天仍是不斷地衝撞那塊玻璃，它試了每個角落，每次都是用盡全力，但每次也總是弄得傷痕累累，有好幾次都渾身破裂出血，持續了好些日子，每當玻璃一出現裂痕，實驗人員馬上加上一塊更厚的玻璃。

　　後來，鯊魚不再衝撞那塊玻璃了，對那些斑斕的熱帶魚也不再在意，好像他們只是牆上會動的壁畫，它開始等著每天固定會出現的鯽魚，然後用他敏捷的本能進行狩獵，好像回到海中不可一世的兇狠霸氣，但這一切只不過是假像罷了，實驗到

了最後的階段，實驗人員將玻璃取走，但鯊魚卻沒有反應，每天仍是在固定的區域遊著，它不但對那些熱帶魚視若無睹，甚至於當那些鯽魚逃到另一邊，他就立刻放棄追逐，說什麼也不願再過去，實驗結束了，實驗人員譏笑它是海裏最懦弱的魚。

科學家做過一個有趣的實驗,他們把跳蚤放在桌子上，一拍桌子，跳蚤迅即跳起，跳起的高度都在其身高的 100 倍以上，堪稱世界上跳得最高的動物。然後在跳蚤頭上罩一個玻璃罩，再讓它跳；這一次跳蚤碰到了玻璃罩。連續跳多次以後，跳蚤改變了起跳高度以適應環境，每次跳蚤總保持在罩頂以下的高度。接下來逐漸改變玻璃罩的高度，跳蚤都在碰壁後主動改變自己的高度。最後，玻璃罩接近桌面，這時跳蚤已無法再跳了。科學家於是把玻璃罩打開，再拍桌子，跳蚤仍然不會跳，變成了「爬蚤」了。

跳蚤變成了爬蚤，並非它已喪失了跳躍的能力，而是由於一次次受挫學乖了，習慣了，麻木了。最可悲的是，實際上的玻璃罩已經不存在了，它卻連「再試一次」的勇氣都沒有。玻璃罩已經罩在潛意識裏，罩在心靈上。行動的慾望和潛能被自己扼殺了！

思考導向

長期的失敗，會挫傷我們的銳氣，甚至毀滅我們的理想和信心。當週圍的條件已經改變的時候，當我們可以輕鬆成功的時候，卻因為先前的失敗失去了嘗試和努力的願望。

◎獨木橋的走法

　　弗洛姆是美國一位著名的心理學家。一天，幾個學生向他請教：心態對一個人會產生什麼樣的影響？

　　他微微一笑，什麼也不說，就把他們帶到一間黑暗的房子裏。在他的引導下，學生們很快就穿過了這間伸手不見五指的神秘房間。接著，弗洛姆打開房間裏的一盞燈，在這昏黃如燭的燈光下，學生們才看清楚房間的佈置，不禁嚇出了一身冷汗。原來，這間房子的地面就是一個很深很大的水池，池子裏蠕動著各種毒蛇，包括一條大蟒蛇和三條眼鏡蛇，有好幾隻毒蛇正高高地昂著頭，朝他們「滋滋」地吐著信子。就在這蛇池的上方，搭著一座很窄的木橋，他們剛才就是從這座木橋上走過來的。

　　弗洛姆看著他們，問：「現在，你們還願意再次走過這座橋嗎？」大家你看看我，我看看你，都不做聲。

　　過了片刻，終於有 3 個學生猶猶豫豫地站了出來。其中一個學生一上去，就異常小心地挪動著雙腳，速度比第一次慢了好多倍；另一個學生戰戰兢兢地踩在小木橋上，身子不由自主地顫抖著，才走到一半，就挺不住了；第三個學生乾脆彎下身來，慢慢地趴在小橋上爬了過去。

　　「啪」，弗洛姆又打開了房內另外幾盞燈，強烈的燈光一下子把整個房間照耀得如同白晝。學生們揉揉眼睛再仔細看，才發現在小木橋的下方裝著一道安全網，只是因為網線的顏色極

暗淡，他們剛才都沒有看出來。

弗洛姆大聲地問：「你們當中還有誰願意現在就透過這座小橋？」

學生們沒有做聲。

「你們為什麼不願意呢？」弗洛姆問道。

「這張安全網的品質可靠嗎？」學生心有餘悸地反問。

弗洛姆笑了：「我可以解答你們的疑問了，這座橋本來不難走，可是橋下的毒蛇對你們造成了心理威懾，於是，你們就失去了平靜的心態，亂了方寸，慌了手腳，表現出各種程度的膽怯——心態對行為當然是有影響的啊。」

思考導向

其實人生又何嘗不是如此呢？在面對各種挑戰時，也許失敗的原因不是因為勢單力薄、不是因為智慧低下、也不是沒有把整個局勢分析透徹，反而是把困難看得太清楚、分析得太透徹、考慮得太詳盡，才會被困難嚇倒，舉步維艱。倒是那些沒把困難完全看清楚的人，更能夠勇往直前。如果我們在透過人生的獨木橋時，能夠忘記背景，忽略險惡，專心走好自己腳下的路，我們也許能更快地到達目的地。

培訓師講故事

◎積極奔走為樂園

當年，迪士尼為了實現心中的夢想，不斷地呼籲建造一個樂園，可是當時有非常多的人反對他。

有的人擔心這會對環境產生影響，有的人擔心他的資金有問題，有的人甚至懷疑他的頭腦有問題，有的人說政府不會批那麼大的一片地。

可是迪士尼不斷地想各種各樣的辦法。資金方面有問題，他跑了 143 次銀行，努力地尋求各方面的支持。

最後，他夢想中的樂園——狄斯奈樂園，終於在美國興建，到現在，狄斯奈樂園已被複製到世界各地。

思考導向

機會只屬於主動出擊之人；而被動等待機會的人，永遠只能躺在機會的路邊睡覺，卻永遠看不到一個個機會從身邊悄悄溜走。

對管理者而言，在行動中難免會受到外界的干擾，此時就需要管理者具有較強的抗壓能力，用頑強的意志堅持自己正確的行動。

4 管理創新能力自測題

在企業中，管理創新能力是指管理者改變要素及要素組合來獲得新的組織管理方法與模式的能力。請通過下列問題對自己的該項能力進行差距測評。

1. 你如何理解管理創新？

    A. 是為了實現組織目標的創新活動

    B. 是管理模式的創新

    C. 是制度創新

2. 你如何認識管理創新的目的？

    A. 使組織可持續發展

    B. 提高工作效率

    C. 提高企業利潤率

3. 你認為管理創新的最大推動力量是？

    A. 客戶　　　B. 競爭對手　　　C. 管理者

4. 作為管理者，你通常如何調整你的經營目標？

    A. 根據市場變化進行

    B. 根據消費者的變化進行

    C. 根據競爭對手的變化進行

5. 你如何認識技術創新？

    A. 涉及到生產製造的各個環節

    B. 生產設備的改變

    C. 技術發明

6.在企業中，你如何理解環境創新？

　　A.通過創新改造環境

　　B.就是市場創新

　　C.通過創新引導消費

7.你如何理解組織創新？

　　A.是管理創新的必然要求

　　B.目的是提高企業效率

　　C.是組織機構的調整

8.你如何認識管理創新與維持之間的關係？

　　A.創新是維持基礎上的發展

　　B.相互緊密聯繫

　　C.要創新就必須放棄維持

9.管理者如何理解自發創新和組織創新？

　　A.組織創新的成功機會更大

　　B.都是管理創新

　　C.自發創新必然會失敗

10.作為管理者，你如何認識自己的創新工作？

　　A.推進組織創新

　　B.為員工建立創新的文化和氣氛

　　C.堅持每月都有技能革新

選 A 得 3 分，選 B 得 2 分，選 C 得 1 分

24 分以上，說明你的管理創新能力很強，請繼續保持和提升。

15～24 分，說明你的管理創新能力一般，請努力提升。

15 分以下，說明你的管理創新能力很差，急需提升。

培訓師講故事

◎只需放到水裏面

一位旅客在公共汽車上，發現同座的一位老鄉所帶的竹籠內裝有甲魚。出於好奇，他把頭湊在竹籠口觀看。誰知一隻大甲魚突然咬住了他的耳朵。車上沒有一個人能想出讓甲魚鬆口的辦法，只好將他送到附近的醫院。

外科大夫也想不出辦法使甲魚鬆口，如果解剖甲魚，甲魚掙扎時會越咬越緊。後來，還是一位養甲魚的農民想出了辦法。他端來一隻盛滿水的臉盆，讓旅客把臉連同甲魚一起浸入水中。半分鐘後，甲魚鬆了口。

連外科醫生都不能解決的問題，這個農民一下子就解決了，這是什麼道理呢？原來他知道甲魚不能在水下久留，必須露出水面呼吸。把甲魚放在水裏，需要呼吸的甲魚只能鬆口了。

思考導向

有時候，僅僅依靠自己有限的知識是無法解決問題的，這就需要管理者從他人的經驗中汲取智慧，並對自己的經驗進行提煉和昇華，並從中尋找解決問題的辦法。

解決問題時，不要一味地從問題本身找方法，還要找出問題產生的原因，針對問題的關鍵，採取有效的手段，找出甲魚的弱點，使問題順利解決。

培 訓 師 講 故 事

◎子貢巧解魯國險

西元前 482 年，齊國田成子率大軍討伐魯國。孔子責令子貢一定要阻止齊國對自己家鄉魯國的侵略。

子貢是孔子最得意的學生，人品好，學問好，也很靈活。他全面分析了諸侯各國的內外形勢後，先去見田成子，利用田成子的私欲和齊王的矛盾，使齊軍暫停前進。他接著又馬不停蹄地趕到南邊去見吳王，煽動他的爭霸野心，讓他以解救魯國為名北上與齊國交手。

吳王對越國不放心，子貢又去見越王勾踐，讓他表面效忠吳國，暗地卻聯晉攻吳。越王依策而行。吳王遂放心發兵攻齊。

子貢趕到晉國，讓晉國加強戒備……

子貢為救魯，將魯國放到全天下來考慮，都考慮得很透徹，說辭就很有力。

事情的發展全在子貢的策劃和預料之中。

吳齊之戰，齊大敗，國內大亂；吳軍乘勝攻晉爭霸，卻反被以逸待勞的晉軍打得落花流水，越王勾踐乘機起兵擊敗了吳國。

子貢先借吳國敗齊，又借晉越敗吳。幾步連環棋，既化解了齊國之忤，又避免了強吳的出現，免除了魯國前門拒虎、後門進狼的窘境。這一連串的策劃運作如同行雲流水一般，看起來各國皆為自己的利益而彼此爭鬥，然而爭鬥的結果卻是保全了魯國。

思考導向

有時候，解決一個重大問題有必要「興師動眾」，這樣才能從根本上解決問題，讓管理者高枕無憂，不必再為這個問題操心勞累。

多詐的人藐視學問，愚鈍的人羨慕學問，聰明的人運用學問，管理者要做一個聰明的人，學會用知識的武器，資源為自己所用。

培訓師講故事

◎裝個鏡子就不覺慢

某樓房自出租後，房主不斷地接到房客的投訴。房客說，電梯上下速度太慢，等待的時間太長，要求房主迅速更換電梯，否則他們將搬走。

已經裝修一新的樓房，如果再更換電梯，成本顯然太高；如果不換，萬一房子租不出去，更是損失慘重。

房主想出了一個好辦法。

幾天後，房主並沒有更換電梯，可有關電梯的投訴再也沒有接到過，剩下的空房子也很快租出去了。

為什麼呢？原來，房主在每一層電梯門外的牆上都安裝了很大的穿衣鏡，大家的注意力都集中到自己的儀表上，自然感覺不到電梯的上下速度是快還是慢了。

思考導向

　　管理者不得不面對產品缺陷所帶來的客戶的不滿時，應把握客戶的心理，學會主動淡化危機，並採取適當的措施轉移客戶對產品缺陷的注意力。

　　解決客戶抱怨的問題，不一定非要針對問題的本身，管理者要充分認識到解決問題的成本和收益之間的關係，儘量用最少的成本，做最小的改動去化解這種抱怨。

5 行動的動機

遊戲目的：

讓學員理解行動的動機。

讓學員認識到行動需要激勵。

遊戲人數：不限

遊戲時間：10 分鐘

遊戲場地：室內

遊戲材料：椅子和 10 元鈔票若干

遊戲步驟：

1. 培訓師悄悄將鈔票隨機貼在學員要坐的椅子上。

2. 培訓師對學員說：「請舉起你們的右手。」幾乎全部的學員會舉起他們的右手，這時候你可以問他們：「為什麼你們會舉起右手？」學員會回答「你讓我們舉的」或「因為你說了『請』」，等等。

3. 得到回饋的培訓師「乘勝追擊」，要求學員：「請大家站起來，把你的椅子舉過頭頂。」

4. 可能是因為前面「上過當」的緣故，這次幾乎沒有人會採取行動。

5. 培訓師用自己的人格保證有一些椅子底下有錢，看看大家何反應。有個別學員會站起來看，當有人發現鈔票後，所有的人都會站起來找錢。

 遊戲討論：

1. 為什麼你一開始沒有把椅子舉起來？

2. 你是如何理解人的行動動機的？

3. 激勵與動機之間有怎樣的關係？

培訓師講故事

◎別讓習慣左右你

　　中國古代有位畫家擅長用紅色顏料畫竹子，當時人稱「朱竹」。一天，有一個人問畫家：「你為什麼用紅色顏料來畫竹呢，難道你看到過紅色的竹子嗎？」

　　畫家回答說：「難道你看見過黑色的竹子嗎？」

　　結果問話的人無言以對。

　　當大多數的人都習慣以黑墨為顏料來從事書畫時，我們便會視為當然，並習以為常，甚至不再能接受以其他顏料來做畫了，於是當「朱竹」出現時，人們便覺得新奇和驚訝了。

思考導向

　　從這個故事中，我們可以看到習慣帶給人們的束縛，無形中產生「應該這樣做」理所當然的觀念，而許多想法與意見就在這種「理所當然」中受到限制，這是一種無形的自我限制，一個人的潛能也受到限制而無法獲得適當的開發。

培訓師講故事

◎青蛙實驗

生物學界有一項實驗，生物學家把一隻青蛙放在一個盛滿涼水的容器裏，然後在容器下用熱源給容器快速加溫，容器中的涼水在快速升溫後，青蛙會馬上從容器中跳出來。如果用熱源慢慢地給盛有青蛙的容器加溫，控制在每兩天升溫一度的狀態，那麼，即使水溫到了攝氏 90 度——雖然這時青蛙幾乎已經被煮熟了，也不會主動從容器中跳出來。

思考導向

大環境的改變能夠決定我們的成功與失敗，大環境的改變有時候是看不到的，我們必須時時注意，多學習，多警醒，並歡迎改變，才不至於太遲。太舒適的環境就是最危險的時刻，很習慣的生活方式，也許就是你最危險的生活方式。不斷創新，打破舊有的模式，而且相信任何事情都有改善的地方。要能覺察到趨勢的小改變，就必須停下來，從不同的角度來思考、學習，是能發現改變的最佳途徑。

◎如何測量河多寬

在一次行軍途中，法蘭西第一帝國皇帝拿破崙帶領先遣部隊與一位工程師到前面探路。他們遇到了一條大河，河上沒有橋，但部隊又必須迅速通過。

拿破崙詢問工程師：「告訴我，河有多寬？」

「對不起，皇帝陛下，」工程師回答道，「我的測量儀器都留在後面的部隊裏，他們離我們還有 10 英里遠。」

「我需要你馬上測量出來。」

「這我做不到，皇帝陛下。」

「我命令你馬上給我量出河寬，不然我就要你的腦袋！」

沒辦法，工程師陷入了沉思。不久，他終於想出一個辦法：他脫下帽子，讓帽檐、他的眼睛、還有河對岸的一點剛好處於一條直線。然後，他小心地保持身體的直立，不斷地向後退，等到眼睛、帽檐和這邊河沿的相應點剛好在一條直線上時，他就停下來，把自己所處的位置標好，接著，他用腳丈量出前後兩點的距離，將計算後得出的數據告訴了拿破崙。

拿破崙大為高興，不僅沒有要工程師的腦袋，反而馬上提升了他的職務。

思考導向

置之死地而後生，陷之亡地而後存。有時，面對棘手的問題，管理者只有具備了破釜沉舟的勇氣，才能找到解決之道。

讓下屬解決某個問題時，有時管理者需要給予其適度的壓力，從而使其在壓力下暴發，克服困難，找到有效的問題解決方法。

6 堅持就是勝利

🛈 遊戲目的：
讓學員認識到行動須堅持。
培養學員的團隊意識。

🛈 遊戲人數： 20 人

🛈 遊戲時間： 10 分鐘

🛈 遊戲場地： 室外空地

🛈 遊戲材料： 無

🛈 遊戲步驟：
1.將學員分成兩組。讓各組學員圍成一個圓圈。
2.每位學員將雙手放在其前一位學員的雙肩上，讓前一位學員緩緩坐在後面學員的大腿上。看看那組能夠堅持更長的時間而不鬆

垮。

 遊戲討論：

1. 在遊戲中，你是什麼樣的精神狀態？

2. 你是如何理解「堅持就是勝利」這句話的？

3. 人的精神狀態對行動有怎樣的影響？

培訓師講故事

◎大象的腳環

在泰國，大象是很有效的運輸工具，每隻大象都力大無窮，載運幾噸的原木或拖拉很重的貨物，對大象而言，實在是易如反掌。可是往往可以發現有趣的現象：大象休息時，主人通常用一條麻繩綁住大象的腳，而繩子的另一端則系在一截小木椿上。以大象的蠻力可以輕而易舉地扯斷繩子或拔起木椿，但奇怪的是，大象一旦套上腳環，就會乖乖地繞著木椿，在繩子所能及的範圍內活動，從來就不曾脫逃，這到底是什麼原因呢？原來大象小的時候力氣小，皮也很薄，用力拉扯之後，往往弄得皮破血流，痛苦不堪；幾次後，小象眼看勞而無功又傷痕累累，於是就再也不會為了掙脫腳環而自討苦吃。所以，儘管長大後，力氣變大，皮也厚了，可是一旦套上腳環想起昔日的血淋淋教訓，就自然斷了掙脫的念頭而柔順地任憑主人擺佈。

思考導向

　　如果不能掙脫思想上、經驗上自我設限的框框，即使擁有無限的潛力，恐怕也將無濟於事，甚至任人操縱擺佈。

培訓師講故事

◎黑石頭白石頭

　　從前，在欠債不還便足以使人入獄的時代，倫敦有位商人，欠了一位放高利貸的債主一筆鉅款。那個又老又醜的債主，看上商人青春美麗的女兒，便要求商人用女兒來抵債。

　　商人和女兒聽到這個提議都十分恐慌。狡猾偽善的高利貸債主故作仁慈，建議這件事聽從上天安排。他說，他將在空錢袋裏放入一顆黑石子，一顆白石子，然後讓商人女兒伸手摸出其一，如果她揀中的是黑石子，她就要成為他的妻子，商人的債務也不用還了；如果她揀中的是白石子，她不但可以回到父親身邊，債務也一筆勾銷；但是，假如她拒絕探手一試，她父親就要入獄。

　　雖然是不情願，商人的女兒還是答應試一試。當時，他們正在花園中鋪滿石子的小徑上，協議之後，高利貸的債主隨即彎腰拾起兩顆小石子，放入袋中。敏銳的少女突然察覺，兩顆小石子竟然全是黑的！

　　如果你是那個不幸的少女，你要怎麼辦？

故事的女孩不發一語，冷靜地伸手探入袋中，漫不經心似的，眼睛看著別處，摸出一顆石子。突然，手一鬆，石子便順勢滾落路上的石子堆裏，分辨不出是那一顆了。

「噢！看我笨手笨腳的，」女孩驚呼道，「不過，沒關係，現在只要看看袋子裏剩下的這顆石子是什麼顏色，就可以知道我剛才選的那一顆是黑是白了。」當然了，袋子剩下的石子一定是黑的，惡債主既然不能承認自己的詭詐，也就只好承認她選中的是白石子。

思考導向

一場債務風波，有驚無險地落幕。這不是「解決導向」的思考模式所能處理的，因為，水平思考方式不把關鍵擺在選出的石子，而是換一個角度來看，「袋子裏剩下來的石子是什麼顏色？」終於逢凶化吉，把最險惡的危機變成最有利的情況。

培訓師講故事

◎迅速選擇，減少遺憾

兩個朋友一同去參觀動物園。動物園非常大，他們的時間有限，不可能看到所有的動物。於是，他們約定：不走回頭路，每到一處路口，選擇其中的一個方向前進。

第一個路口出現了，路標上寫著一側通往獅子園，一側通往老虎山。他們琢磨了一下，選擇了獅子園，因為獅子是「草

原之王」。又到一處路口，分別通向熊貓館和孔雀館，他們選擇了熊貓館，熊貓是「國寶」嘛……

　　他們一邊走，一邊選擇。每選擇一次，就放棄一次，遺憾一次。但他們必須當機立斷，若猶豫不決，時間不等人，他們將失去更多。只有迅速做出選擇，才能減少遺憾，得到更多的收穫。

思考導向

　　行動比選擇更重要。當面臨兩難選擇時，管理者不應把精力放在選擇本身上，而要放在選擇以後的快速行動上。

　　面對市場的激烈競爭，管理者進行選擇的時間並不多，因此，快速決策、馬上行動應成為管理者面臨選擇時遵循的重要標準。

培訓師講故事

◎想要治病別狡辯

從前，有個痲瘋病人，病了近 40 年，一直躺在路旁，有人告訴他，前面的水池具有神奇的力量，能治癒他的疾病。但是他躺在那兒近 40 年，仍然沒有往水池邁進半步。

有一天，天神碰見了他，問道：「先生，你要不要解除病魔？」

痲瘋病人說：「當然要！可是人心好險惡，他們只顧自己，絕不會幫我。」

天神聽後，再問他：「你要不要被醫治？」

「要，當然要啦！但是等我爬過去時，可能水都乾涸了。」

天神聽了痲瘋病人的話後，有點生氣，再問他一次：「你到底要不要被醫治？」

他說：「要！」

天神回答說：「好，那你現在就站起來自己走到水池邊去，不要老是找一些不能去的理由為自己辯解。」

痲瘋病人深感羞愧，他立即站起身來，走向池水邊，用手捧著神水喝了幾口。剎那間，糾纏了他近 40 年的痲瘋病竟然好了！

思考導向

在行動中，管理者不應為失敗找藉口，而要為成功找方法。

阻礙管理者邁出行動步伐的障礙，不是外界環境和客觀條件的險惡，而是管理者自己懶惰和自暴自棄的心魔。

7 接毛巾

ⓘ 遊戲目的：

提高學員的行動力。

培養學員快速反應能力。

Ⓢ 遊戲人數：21 人

Ⓔ 遊戲時間：30 分鐘

✈ 遊戲場地：室外空地

€ 遊戲材料：18 條毛巾

➤ 遊戲步驟：

1.從學員中名志願者，讓其背靠背圍成一個緊密的小圓圈。

2.讓其他的學員面對 3 名志願者圍成一個大圓圈，為大圈中的每位學員發一條毛巾，並讓其自己用毛巾打一個結或兩個結。

3.大圈的學員聽到培訓師喊：「1、2、3，拋」，將手中打結的毛巾同時拋向志願者。圈中的 3 名志願者的任務是盡可能多地接住拋過來的毛巾。

4.另選其他 3 人，重覆上面的步驟，直到所有的學員都曾接過毛巾。

5.重覆遊戲,看學員是否能突破自己剛才的成績。

培訓師講故事

◎在最不可能處加以冒險

第二次世界大戰期間,納粹德國給世界帶來巨大的災難。但在戰爭期間,其軍事將領們也給戰爭史留下許多經典戰例。

1942 年 2 月 12 日中午,英國海軍和空軍重兵佈防的英吉利海峽上空,一架英國戰鬥機在例行巡邏。突然,飛行員發現有一支德國艦隊大搖大擺地從遠處開了過來,他立即將這一發現向司令部報告。

美國司令部的軍官們大惑不解:德國艦隊怎麼可能在大白天從英吉利海峽通過,是不是飛行員搞錯了?英國人忙於思考和爭論,卻沒顧及到時間正一分一分地溜走。

直到過了近一個小時,又一架英軍偵察機發現德艦已經闖入海峽最窄也是最危險的地段,並且正在全速行駛。英軍指揮官們這才意識到敵情的嚴重性,等他們判定真相,調集部隊,下令進攻時,德國艦隊已經遠離了最危險的地段,給其以致命打擊的機會已經錯過了。

整個下午,英軍雖然不斷出動飛機、驅逐艦對德國艦隊進行攔截,但由於倉促上陣,反而遭到嚴陣以待的德軍沉重的打擊。

就這樣,德國人在英國人的眼皮底下,將駐泊在法國布列斯特港內的艦隊順利地移至挪威海面,增強戰鬥力。

原來，這一切都是德軍為完成這次戰略轉移精心策劃的大膽行動。因為從法國到挪威有兩條路線可走，一條是向西繞過英倫諸島北上，這條航線路途遙遠，費時費力，如果遭遇兵力佔絕對優勢的英國軍隊，後果將不堪設想；另一條航線則是直穿英吉利海峽，但此處有英國海軍、空軍的重兵佈防，同樣也是危機重重。最後，德軍指揮官經過反復權衡，決定在英國軍隊根本想不到的情況下，夜間出發，在白天出其不意地闖過英吉利海峽最危險的多佛和加萊之間的地段。

這一大膽冒險的行動果然成功，龐大的德國艦隊在飛機的掩護下，在英國人認為絕不可能的時間，在英軍來不及判斷和阻撓的情況下，明目張膽地闖過英吉利海峽，給英國人上了一堂生動的戰爭教學課。

思考導向

在行動中，管理者有時需要有破釜沉舟的決心和孤注一擲的勇氣。

在行動中，機會稍縱即逝，管理者只有快速決策、馬上行動，才能避免機會悄悄地溜走、白白地丟失。

◎杯子外面的世界

　　你手頭有一個杯子需要賣出，它的成本是一元錢，怎麼賣？如果僅僅是賣一個杯子，也許最多只能賣兩元；如果你賣的是一種最流行款式的杯子，也許它可以賣到三四元；如果它是一個出名的品牌的杯子，它說不定能賣到五六元；如果這個杯子據說還有其他功能的話，它可能賣到七八元；如果這個杯子外面再加上一套高級包裝，賣十元二十元也是可能的；如果這個杯子正好是某個名人用過的，與某個歷史事件聯繫了起來，一不小心，一二百元也有人要。

思考導向

　　廣告、行銷、市場分析、產品包裝歸根結底，都在解決一個問題：人們需要的究竟是什麼？價值究竟在那裏？人們不可能只為了居住而購買住房，他們購買的還有歸宿感和安全感；人們不可能只為了禦寒而購買服裝，他們購買的更是信心與形象；乃至於買死去之後喪葬用品時，也不會忘記同時購買對另一個世界生活的假想。杯子外面的世界，永遠會遠遠大於杯子裏面的世界。

培訓師講故事

◎沒有什麼是不可能的

　　美國第一大汽車製造商──亨利•福特在取得成功之後，便成了眾人羨慕的人物。

　　多年前，亨利•福特決定改進著名的 T 型車的發動機的汽缸。他要製造一個具有鑄成一體的八個汽缸的引擎，便指示工程人員去設計。可是，當時所有的工程技術人員無不認為，要製造這樣的引擎是不可能的。雖然面對老闆，他們還是一口回絕了這樣的「無理要求」。

　　聽完技術人員的介紹後，福特沒有氣餒，他用無可反駁的語氣說：「無論如何要生產這種引擎。」

　　「但是，」他們回答道，「這是不可能的。」

　　「我是絕不相信任何不可能的。去工作吧！」福特命令道，「堅持做這件工作，無論要用多少時間，直到你們完成了這件工作為止。」

　　被他的氣勢感染，負責技術的員工只好去工作了。如果他們要繼續做福特汽車公司的職員，他們就不能去做別的什麼事。六個月過去了，工作沒有任何進展。又過了六個月，他們仍然沒有成功。這些工程人員愈是努力，這件工作就似乎愈是「不可能」。

　　在這一年的年底，福特諮詢這些工程人員時，他們再一次向他報告他們無法實現他的命令。「繼續工作。」福特義無反顧地說，「我需要它，我決心得到它。那怕它是一隻老虎，我也有

勇氣擒住它！」

最後的情形是怎樣的呢？後來這種發動機裝到最好的汽車上了，使福特和他的公司把他們最有力的競爭者，遠遠地拋到了後面。

思考導向

在勇氣面前，任何困難和挫折都成了它的手下敗將。敢於應對挑戰的人就能把一個個奇蹟變成現實，把一個個不可能變為可能。

培訓師講故事

◎兄弟爭執失大雁

兄弟倆外出打獵，一隻大雁飛過來。

「我把它射下來後煮著吃。」老大拉開弓瞄準說。

「我覺得大雁還是烤著吃更香。」老二說。

「煮的好吃！」

「烤的好吃！」

兩人爭論不休，就到附近一位智者那裏去評理。

智者建議他們把大雁分成兩半，一半煮，一半烤。兄弟倆覺得有道理，就回去找那隻大雁，可是，大雁早就飛得沒有蹤影了。

思考導向

做事情時，管理者需要首先清楚事情的完成程序，在前一步驟的工作還沒有做完時，不要過早地討論下一步驟。

管理者如果分不清事情的輕重緩急，在無關緊要的事情上浪費時間，就會白白錯失機會甚至造成不必要的損失。

8 解決問題能力自測題

在企業中，解決問題能力是指管理者識別問題、分析問題及尋找方法從而有效解決問題的能力。請通過下列問題對自己的該項能力進行差距測評。

1. **你如何理解執行中的解決問題？**

   A. 是找出最佳解決方案的過程

   B. 是一個思維過程

   C. 是一項工作

2. **當面對難題無法解決時，你通常會如何認識？**

   A. 方法總比問題多　　　B. 或許能找到合適的方法

   C. 也許根本沒有解決的辦法

3. **當常規方法不能成功解決問題的時候，你會怎樣做？**

   A. 逆向思維，側面思考　　B. 適當擱置，另尋解決時機

C.知難而退,永久放棄

4.問題發生後,你是否能夠快速分析出原因?

A.通常能夠　　B.有時能夠　　C.很少能夠

5.你是否能夠發現事物之間的聯繫,並充分聯想找到解決問題的途徑?

A.通常能夠　　B.有時能夠　　C.很少能夠

6.你通常如何解決員工不標準化作業的問題?

A.制訂嚴格的標準,並監督實施

B.加強員工的培訓學習

C.見一次罰一次

7.你如何解決辦公室的浪費問題?

A.率先垂范,作出榜樣

B.擬定制度,嚴格執行

C.在明顯位置貼節約警示

8.你是否有通過觀察生活,「意外」找到解決問題的方法的情況?

A.有很多這樣的情況發生

B.偶爾會出現這種情況

C.從來沒有過

9.你是否能夠在解決問題後,得到上級和同事的讚美?

A.總是能夠

B.部分情況下可以

C.很少聽到他人的讚美

10.在他人陷入窘境時，你是否能夠用幽默的語言或行
   為化解他人的尷尬？

   A.通常能夠　　　B.有時能夠　　　C.很少能夠

選 A 得 3 分，選 B 得 2 分，選 C 得 1 分

24 分以上，說明你的解決問題能力很強，請繼續保持和提升。

15～24 分，說明你的解決問題能力一般，請努力提升。

15 分以下，說明你的解決問題能力很差，急需提升。

培訓師講故事

◎利用白鼠安電線

　　一家建築公司的經理忽然收到一份購買兩隻小白鼠的帳單，不由心生好奇。原來這兩隻老鼠是他的一個部下買的。他把那部下叫來，問他為什麼要買兩隻小白鼠？

　　部下答道：「上星期我們公司去修的那所房子，要安裝新電線。我們要把電線穿過一根 10 米長但直徑只有 2.5 釐米的管道，而且管道是砌在磚石裏，並且彎了 4 個彎。我們當中誰也想不出怎麼讓電線穿過去，最後我想了一個好主意。我到一個商店買來兩隻小白鼠，一公一母。然後我把一根線綁在公鼠身上並把它放到管子的一端。另一名工作人員則把那只母鼠放到管子的另一端，逗它吱吱叫。公鼠聽到母鼠的叫聲，便沿著管子跑去救它。公鼠沿著管子跑，身後的那根線也被拖著跑。這樣，小公鼠就拉著電線跑過了整個管道。」

思考導向

　　具有創新意識的管理者面對問題時不會手足無措，他們會積極尋找解決問題的辦法，在尋找的過程中運用發散性思維，最終得以解決問題。

　　管理者只有將複雜的事情變得簡單，化繁為簡，才能提高執行的效率，降低執行的成本。

培訓師講故事

◎這馬瞎了那只眼

　　一天，農夫的一匹馬被人偷走了。農夫與員警一起到偷馬人的農場裏去索討，但那人拒絕歸還，一口咬定：「這是我自己的馬。」

　　農夫用雙手蒙住馬的兩眼，對那個偷馬人說：「如果這馬是你的，那麼請告訴我們，馬的那只眼睛是瞎的？」

　　偷馬人猶豫地說：「右眼。」

　　農夫放下蒙右眼的手，馬的右眼並不瞎。

　　「我說錯了，馬的左眼才是瞎的。」偷馬人急著爭辯說。

　　農夫又放下蒙左眼的手，馬的左眼也不瞎。

　　「我又說錯了……」偷馬人還想狡辯。

　　「是的，你是錯了。」員警說，「這些足以證明馬不是你的，你必須把馬還給這位先生。」

思考導向

　　巧用人們的心理定勢，可以妙趣橫生，事半功倍。換一種思路，是聰明還是笨蛋就一目了然。

　　管理者在反駁他人的時候，可以通過對手對事物瞭解的局限性，引導對方走向自相矛盾的境地。

培訓師講故事

◎窮人如何討到飯

　　一個暴風雨的日子，有一個窮人到富人家討飯。

　　「滾開！」僕人說，「不要來打擾我們。」

　　窮人說：「只要讓我進去，在你們的火爐上烤乾衣服就行了。」

　　僕人以為這不需要花費什麼，就讓他進去了。這個可憐人請求廚娘給他一個小鍋，以便讓他「煮石頭湯喝」。

　　「石頭湯？」廚娘很想看看窮人怎樣用石頭做成湯，於是她答應了。

　　窮人於是到路上揀了塊石頭洗淨後放在鍋裏煮。

　　「可是，你總得放點鹽吧。」廚娘說，她給了他一些鹽，後來又給了豌豆、薄荷、香菜。最後，又把能收拾到的一些碎肉末都放在湯裏。

　　最後，窮人把石頭撈出來扔回路上，美美地喝了一鍋肉湯。

思考導向

　　解決問題往往不能只按照以往的經驗入手，只有不斷創新的管理者才能找到解決問題的最好方法。

　　解決問題可以是一個過程，管理者把這個過程分解成很多步驟，每個步驟的實現都會讓問題離成功更近一步。

9 角力

遊戲目的：
讓學員在遊戲中充滿活力。
讓學員在遊戲中比力氣、比技巧。

遊戲人數：12 人

遊戲時間：30 分鐘

遊戲場地：草地

遊戲材料：6 米長的綢布帶、桌子、瓶裝水和哨子

遊戲步驟：

1.將學員分為 2 個一組。

2.在相距 6 米的兩張桌子上，各放一瓶水。

3.選一組進行遊戲，2 人分別系上綢布帶的一端，背向而對，確保 2 人與瓶裝水等距離。

4.培訓師哨聲響起後，雙方努力去抓自己前面的瓶子，先抓到瓶子的人獲勝。

5.其他組按照以上的規則依次進行比賽，獲勝者可以再進行兩兩比賽。

遊戲討論：

1.在這次遊戲比賽中，力氣是決定比賽成功的關鍵嗎？

2.有那些人使用了「出其不備，先發制人」的技巧？又有那些人採用了「穩住重心，後發制人」的方式？為什麼會選擇這種技巧？

3.你是否會根據對手的不同而選擇不同的技巧？

培訓師講故事

◎把「我不行」改為「我能行」

　　艾爾默‧湯瑪士年輕時家中很窮，但後來卻成為美國國會議員。以下是他的內心獨白。

　　我 15 歲時，長得比別人高，而且瘦得像竹竿。除了身材比別人高之外，在棒球或賽跑各方面都不如人。他們常取笑我，我也不喜歡見任何人。

　　如果我任憑煩惱與恐懼盤踞下去，我可能一輩子無法翻身。一天 24 小時，我隨時為自己的高瘦自憐，什麼別的事也不能想，我的尷尬與懼怕實在無法用文字所能形容。我的母親瞭解我的感受，她曾做過學校教師。她告訴我：「兒子，你得去受教育，既然你的體能狀況如此，你只有靠智力謀生。」

　　可是父母無力送我上大學，我必須自己想辦法。我利用自己的勞動掙了 40 美元，用這筆錢，我到印第安那州去上師範學院。我穿的破舊襯衫是我媽媽做的，為了不顯髒，她有意用咖啡色的布。我的外套是我父親以前的，他的舊外套、舊皮鞋都不合我用，皮鞋旁邊有條鬆緊帶，已經完全失去了彈性，我走路時鞋子隨時會滑落。我和其他同學打交道時覺得難為情，只有成天在房間裏溫習功課。我內心深處最大的願望是，有一天我能在服裝店買件合身體面的衣服來穿。

　　不久以後發生了幾件幫助我克服自卑感的事，這些事情帶給我勇氣、希望與自信，改變了我後來的人生。

　　第一件：入學後八週，我透過一項考試，得到一份三級證

書，可以到鄉下的公立學校授課。雖然證書有效期只有半年，但是這是我有生以來除了我母親以外，第一次證明別人對我有信心。

第二件：一個鄉下學校以一天 2 美元或月薪 40 美元的薪資聘請我去教書，更證明別人對我的信心。

第三件：我領到了第一張支票，然後到服裝店購買了一套稱心的服裝。現在即使有人給我 100 萬，我的興奮程度也不及我穿上第一套新衣服時的一半。

第四件：我生命中的轉捩點，戰勝尷尬與自卑的最大勝利，發生在一年一度舉行的集會上。我母親敦促我參加集會上的演講比賽。對我來說，那當然是天方夜譚。我連單獨跟一個人說話的勇氣都沒有，更何況是一群人。可是我母親對我的信心是不容動搖的，她對我的未來有遠大的夢想，把一生的期望寄託在我身上。她增強了我的信念並鼓勵我去參加比賽。我抽中的題目可以說是最不適合我的，題目是「美國的美術與人文藝術」。坦白承認，我在做準備時還弄不清楚人文藝術是什麼，不過反正觀眾也不懂什麼是人文藝術，我想倒也沒什麼大不了的。我把演說內容都記熟了，而且對著想像中的觀眾演練了上百遍。為了我母親的緣故，我渴望有出色的表現，因此在演講中，我真情流露。完全出乎意料，我竟然得了冠軍，我太吃驚了，群眾開始歡呼，一些以前取笑我的男孩們跑來拍我的背說『我早知道你能辦到的』，我母親緊緊擁抱我。當我回顧我的人生，看得出來那次演說得獎確實是我人生的轉捩點。當地一家報紙以頭版文章刊登我的故事，而且看好我的未來。演說成功使我得到了他人的肯定，更重要的是，它使我的自信倍增，也

提升了我的士氣，開拓了我的視野，並讓我認識到我擁有一些從不敢想像的才能。」

　　大學畢業後，我到奧克拉荷馬州開了一家律師事務所，接辦一些印第安保留區的法律問題。我在州議會中服務了 13 年，並在下議院服務了 4 年。1957 年 3 月，我終於完成了一生的抱負——成為奧克拉荷馬州的國會議員。

　　敍述這個故事，絕非為了吹噓自己的成就，沒有人會對我的成就感興趣。我把它說出來，只是希望它能帶給貧困子弟一些勇氣與信心，也許他們正像我小時候穿著父親的舊衣鞋時一樣的苦惱、害羞與自卑。」

思考導向

　　一個人缺乏勇氣，就會陷入不安、膽怯、憂慮、嫉妒、憤怒的旋渦中。要消除這些不良心態，只有一種解藥——勇敢的精神。勇氣是世界上無所不能的武器，有了它，自信也隨之而來。

　　如果我們具有一種無與倫比的自信，如果我們展示給人的是一種自信、勇敢和無所畏懼的形象，那麼困難就會在我們面前低頭。

培訓師講故事

◎要讓別人相信，先自己相信自己

諾曼‧利爾是電視界的一位傑出人才，他曾一度是皮鞋推銷員，當時他的理想是渴望成為好萊塢的作家。為了引起有關人士的注意，利爾幾乎用盡了一般人通常用的各種做法，但都不奏效。

於是，他勇敢地採取了一種全新的沒有人體驗過的辦法來表現自己的才能。他先設法打聽到好萊塢一位知名喜劇演員家的電話，然後撥通了號碼，當他聽清接電話的是明星本人時，他既不打招呼，也不做自我介紹，而是直接就說：「你肯定愛聽，這是個了不起的笑話。」接著他就念了一篇他自己寫的非常滑稽可笑的短劇。他一念完，喜劇演員就哈哈大笑起來。

隨後這位明星問利爾是否做過電視方面的工作，這個從沒進過電視台大門的勇氣十足的皮鞋推銷員毫不含糊地說：「當然。」這位知名演員對這個既能寫出好的喜劇，又有電視工作經驗的不速之客感到特別中意。談話結束後，利爾得到了他的第一次寫作工作——為聖誕特別電視節目撰稿。不用說，他接受了這個工作。

思考導向

為了克服消極、否定的態度，我們應該試著採取積極、肯定的態度。如果自認為不行，身邊的事也拋下不管，情況就會漸漸變得越來越糟。缺乏自信時，我們更應該給自己打氣。一

個人如果不對自己失望，別人也會對他抱有信心。

培訓師講故事

◎堅持挖掘奇蹟現

一個村子裏有兩個人，一個愚鈍且軟弱，一個聰明且強壯。有一年，大旱，河中已乾涸無水，於是兩個人找了同一片土地，準備各自挖一口井出來。

愚鈍的人拿著工具，二話沒說，便脫掉上衣大幹起來。聰明的人稍做選擇也大幹起來。兩個小時過去了，兩人均挖了兩米深，但都未見到水。

聰明的人斷定自己選擇錯誤，覺得在原處繼續挖下去是愚蠢的行為，便另選了一塊地方重挖。愚鈍的人仍在原處吃力地挖著，又兩個小時過去了，愚鈍的人只挖了一米，而聰明的人又挖了兩米深。但他倆仍舊沒看到水。

愚鈍的人堅持在原處吃力地挖著，而聰明的人又開始懷疑自己的選擇，就又選了一塊地方重挖。又兩個小時過去了，愚鈍的人挖了半米，而聰明的人又挖了兩米，但兩人卻仍然未見到水。

這時，聰明的人洩氣了，斷定此地無水，他放棄了挖掘，離去了，而愚鈍的人此時體力已經不支了，但他還是堅持在原處挖掘，當他剛把一鍬土掘出時，奇蹟出現了，只見一股清水汩汩而出。

思考導向

　　有些事情並不需要靠智力去解決，它只需要堅持不懈和專心致志的精神。

　　有時候，機會並不偏愛聰明的大腦，它只鍾情於專一的心靈。

10 踩數字

ⓘ 遊戲目的：
讓學員認識準確行動的重要性。
提高學員的觀察力和行動力。

Ⓢ 遊戲人數：10 人

Ⓔ 遊戲時間：20 分鐘

✈ 遊戲場地：室外空地

€ 遊戲材料：30 張寫有較為顯眼的數字卡片（數字分別為 1、2……29、30）

遊戲步驟：

1. 培訓師在空地上畫一個邊長為 2 米的正方形。

2. 讓卡片寫有號碼的一面朝上，不分次序隨意勻勻地散落在正方形內，但保證卡片不能重疊覆蓋。

3. 固定卡片的位置，保證在遊戲過程中卡片不發生位置變動。

4. 在離正方形 5 米遠處，畫一條起跑線。在正方形另一邊 5 米遠處，畫一條終點線。

5. 學員觀察遊戲場地，以猜拳的方式確定遊戲順序，然後開始比賽。

6. 聽到比賽開始的口令後，學員跑到正方形週圍，用腳按數字由小到大的順序踩完所有的數字。踩完所有數字後，小組成員快速跑到終點線外。

7. 在踩數字的過程中，任何時候都不允許有兩隻腳同時落在地上。

8. 培訓師記錄學員完成任務所需要的時間，並根據學員所用時間由短到長排列名次，前 3 名重新開始新的比賽。新比賽結束後，最終所用時間最短的學員獲勝。

 遊戲討論：

1. 你接受任務後所做的第一件事是什麼？

2. 你認為怎樣才能在遊戲中取得比較好的成績？

3. 如何才能在執行任務時快速行動？如何保證行動的準確性？

培訓師講故事

◎戰勝困難先從心理上戰勝自己

有一個人把自己多年的積蓄以及全部財產都投資到一種小型製造業上。由於對變化無常的市場把握不當，再加上前幾年原料價格不斷上漲等原因，他的企業垮了。而此時妻子又從原來的單位下崗。他處於絕境之中，他對自己的失敗、對自己那些損失無法忘懷，畢竟那是他半輩子的心血和汗水。好幾次，他都想跳樓自殺，一死了之。

一個偶然的機會，他在一個書攤上看到了一本名為《怎樣走出失敗》的舊書。這本書給他帶來了希望和重新振作的勇氣，他決定找到這本書的作者，希望作者能夠幫助他重新站起來。

當他找到那本書的作者，講完了他自己的遭遇時，那位作者卻對他說：「我已經以極大的興趣聽完了你的故事，我也很同情你的遭遇，但事實上，我無能為力，一點忙也幫不上。」

他的臉立刻變得蒼白，低下了頭，嘴裏喃喃自語：「這下子徹底完蛋了，一點指望都沒有了。」

那本書的作者聽了這話，片刻之後說：「雖然我無能為力，但我可以讓你見一個人，他能夠讓你東山再起。」

他立刻跳起來，抓住作者的手，說：「看在老天爺的分上，請你立刻帶我去見他。」

作者站起身，把他領到家裏的穿衣鏡面前，用手指著鏡子說：「這個人就是我要介紹給你的人，在這個世界上，只有這個人能夠使你東山再起。除非你坐下來，徹底認識這個人，否則

你只有跳樓了。因為在你對這個人沒有充分認識以前，對於你自己或這個世界來說，你都將是沒有任何價值的廢物。」

他站在鏡子面前，看著鏡子裏的那個滿臉鬍鬚的面孔，認真地看著。看著看著他哭了起來。

幾個月之後，作者在大街上碰見這個人，幾乎認不出來了。他的臉不再是幾十天沒刮的樣子，腳步也異常輕快，頭抬得高高的，衣著也煥然一新，完全是一個成功者的姿態。

他對作者說：「那一天我離開你家時，只是一個剛剛破產的失敗者。我對著鏡子發現自己也不願意看到這麼頹廢的自己，我要改變。現在我又找到一份收入很不錯的工作，妻子也重新上崗，薪水也很可觀。我想用不了幾年，我就會東山再起。」

思考導向

自己才是自己最大的對手，戰勝自己就是最大的勝利。戰勝自己靠的是信心，只有挑戰自我，永不言敗者才是人生最大的贏家。

培訓師講故事

◎成功的人找方法，懶惰的人找藉口

美國職業籃球協會 1994～1995 賽季最佳新秀傑森•吉德在談到自己成功的歷程時說：「小時候，父母常常帶我去打保齡球。我打得不好.每一次總是找藉口解釋由於這樣或那樣的原因

使自己打不好，而不是誠心地去找沒打好的原因。父親就對我說：『小子，別再找藉口了，這不是理由，你保齡球打得不好是因為你不練習。如果不努力練習，以後你有再多的藉口你仍打不好。』他的話使我清醒了，現在我一發現自己的缺點便努力改正，決不找藉口搪塞，這才是對己有益的。」

達拉斯小牛隊每次練完球，人們總會看到有個球員在球場內奔跑不輟一小時，一再練習投籃，那就是傑森·吉德，因為他是一個不為自己尋找藉口的人。

羅傑是一位體育界的成功人士。他曾獲奧林匹克運動會 400 米銀牌和世界錦標賽 400 米接力賽的金牌。然而，他的出色和優秀並不僅僅是因為他獲得了令人矚目的成就，更讓人感動的是，他所有的成績都是在他患心臟病的情況下取得的，而他在每一次比賽時從來沒有把患病當作自己的藉口。

除了家人、醫生和一些朋友，沒有人知道他的病情，他也沒向外界公佈任何消息。當他第一次獲得銀牌之後，他對自己並不是很滿意，如果他如實地告訴人們他是在患病的狀態下參賽的，即使他的運動生涯半途而廢，也同樣會獲得人們的理解和體諒，可羅傑並沒有這樣做。他說：「我不想小題大做地強調我的疾病，即使我失敗了，也不想以此為藉口。」

思考導向

工作不順利時，我們常常會找種種藉口，認為是故意刁難，把不可能完成的工作交給自己；認為最近健康狀況欠佳，才導致效率不高……心想偷懶，把偷懶理由正當化，總認為期限還有三天，明天、後天再拼，今天不妨放鬆一下。

　　不要為你的放棄找藉口，最關鍵的是你還沒有堅強的意志力。不要總是抱怨你沒有機會，沒有人幫助你，沒有人吹捧你，沒有人拉你一把，沒人讓你變得重要，沒人告訴你出路。如果你有潛力，如果你真的稱職，你就會在找不到路的時候開創出一條路來。

　　成功的人不見得有超人的能力，卻有著超凡的心態。他們能夠積極主動地創造機遇，而不是拿自己的客觀因素作為藉口，來逃避困難，廻避問題。如果我們經常給自己找藉口，就不能完成任何事情，這對我們以後的職業生涯是極為不利的。

培訓師講故事

◎打板子得香蕉

　　小猴子家門口有一個臭水塘。

　　一天，小猴子和老猴子一起摘香蕉時，想起了那個臭水塘，於是，它對老猴子說：「能不能給我一筐香蕉？」老猴子問它用來做什麼，它答道：「我能用一筐香蕉把家門口那個臭水塘填平。」

　　老猴子很奇怪，想想一筐香蕉也不多，就答應了。

　　小猴子拎著香蕉跑回家。它找到一塊長木板，寫上這樣一句話：「打中木板一次，得香蕉一隻。」然後，它拎著香蕉跑到水塘邊，把木板插到小水塘一側，然後向其他動物們作了宣傳。動物們覺得很新奇，都想試一下。

結果，你扔一塊石頭，我扔一塊石頭，就在筐裏的香蕉快發完的時候，水塘果然被扔出去的石塊填平了。這時，動物們才明白小猴子的用意，連誇它聰明。

 **思考導向**

管理者無法憑藉自己的力量解決問題時，可以想辦法借助他人的力量。

問題解決的最好結果，就是以最小的成本獲得最大的收益。

11 遵照指令行動

遊戲目的：
讓學員認識到盲目行動的後果。
讓學員認識到服從的必要性。

遊戲人數： 不限

遊戲時間： 10 分鐘

遊戲場地： 教室

遊戲材料： 每人 1 份指令單、1 隻筆以及白紙若干

遊戲步驟：

1.將指令單和筆分發給每位學員，讓學員將指令單反扣在桌面上。

2.告訴學員要在 3 分鐘內完成指令單上的任務。

3.培訓師喊「開始」後，學員才能翻開指令單遵照指令來完成任務。

4.學員必須嚴格遵照指令單的指令行動。在執行任務的過程中禁止說話。

5． 3 分鐘後，看學員的任務完成情況是否理想。

 遊戲討論：

1.是否有人沒有審完題就盲目行動？他們是否看到了第 1 項指令？

2.你從遊戲戲中得到了那些啟示？

3.在實際工作中，盲目行動會造成怎樣的後果？

附件：

指 令 單

請在3分鐘內完成指令單所下達的任務。

1.首先要審一遍題，閱讀完所有的任務才能開始行動。

2.在指令單的右上角寫下你的名字。

3.在指令單的左下角畫一顆五角星。

4.把指令單右上角你的名字用長方形圈出來。

5.在指令單的背面任意畫兩個正方形。

---

6. 在其中一個正方形外畫一個圓圈將此正方形包起來。

7. 在另一個正方形中畫一個等邊三角形。

8. 在等邊三角形中再寫下你的名字。

9. 在剛寫下的名字下方畫一條直線。

10. 在指示單正面的右下角畫一個十字。

11. 在剛才所畫的十字週圍加上一個三角形。

12. 向培訓師高舉雙手示意，然後培訓師會給你一張白紙。

13. 在紙的背面，計算出 21×11 的答案。

14. 在白紙上寫出一首你記憶最深刻的古詩。

15. 在白紙上計算 $(23+73+63+43) \div 2$ 的結果是多少。

16. 將寫好的白紙揉成一團放在桌面的右上角。

17. 在指令單的正面左上角畫一個三角形。

18. 你只需要做第 2、4 和 17 題就可以了，下面的題也不用看了。

19. 請在指令單的左上角畫一個圓。

20. 在剛畫的圓中寫上數字 8。

21. 在指示單上所有的數字「6」上畫上斜杠「＼」。

22. 把題目前是奇數的數字用「〇」圈起來。

培訓師講故事

◎把難題及時轉化

　　撒哈拉沙漠中有一個叫比塞爾的小村莊，傳說，村裏從來沒有一個人走出過大漠，不是他們不願意離開這塊貧瘠的地方，而是嘗試過很多次都沒能夠走出去。英國皇家學院的院士萊文對這種現象感到很奇怪，他來到這個村子向這兒的每一個人問其原因，每個人的回答都一樣：從這無論向那個方向走，最後結果總是轉回出發的地方。

　　為了證實這種說法，他嘗試著從村莊向北走，結果三天半就走了出來。萊文很納悶，讓一個人帶路，他跟在那人後面，十天過去了，他們走了大約 800 英里的路程，第十一天的早晨，他們果然又回到了比塞爾。這次萊文明白了。比塞爾人之所以走不出大漠，是因為他們根本不認識北斗星。在一望無際的大漠裏，一個人如果跟著感覺往前走，他會走出許許多多，大小不一的圓圈。最後的足跡十有八九是一把捲尺的形狀。比塞爾村位於一個方圓幾千里沒有一點參照物的沙漠中，若不認識北斗星又沒有指南針，想走出沙漠的確不可能。後來，萊文教會了這個人辨識北斗星，還帶著他走出了沙漠。

　　這個和萊文一起走出沙漠的青年就是阿古特爾，他因此成為比塞爾村的開拓者，在他的帶領下，人們終於可以走出沙漠了。如今，他的銅像豎立在小城的中央，上面刻著一句話：新生活，是從選定方向開始。

思考導向

在人生的航程中，如果不能做出及時的判斷，總是我行我素，因循守舊，沿用老一套的思維或者方法，那麼成功必將來得不順利。

正確的發展方向直接決定了人生的成敗。有時候成功僅僅靠勤奮是不夠的，一個智慧的變通強過無數汗水的澆灌。如果汗水代表勤奮，那麼智慧的選擇就能確定你的方向、目標和位置。

培訓師講故事

◎用專業的方法解決專業的問題

1923 年福特公司有一台大型電機發生了故障，全公司所有工程師會診兩三個月沒有結果，特邀請德國一位專家斯泰因梅茨來「診斷」。他在這台大型電機邊搭帳篷，整整檢查了兩晝夜，仔細聽電機發出的聲音，反覆進行著各種計算，踩著梯子上上下下測量了一番，最後就用粉筆在這台電機的某處畫了一條線作記號。然後他對福特公司的經理說：「打開電機，把作記號地方的線圈減少 16 圈，故障就可排除。」

工程師們半信半疑地照辦了，結果電機正常運轉了。眾人都很吃驚。

事後，斯泰因梅茨向福特公司要一萬美金作為酬勞。有人

嫉妒說：「畫一根線要一萬美金，這不是勒索嗎？」斯泰因梅茨聽後一笑，提筆在付款單上寫道：「用粉筆畫一條線，一美元；知道在那裏畫線，9999 美元。」

思考導向

在專業領域提升為專家水準，用專業的方法解決專業性的問題，讓別人看來都不能做的事情只有你能辦到做好，在事業上達到爐火純青的境界，那麼我們就可以立於不敗之地。

培訓師講故事

◎何不用冰來做船

1909 年 4 月，美國探險家皮爾裏率領一支探險隊，經過許多艱難險阻，終於到達北極點。一天，皮爾裏帶大家出來考察，走著走著，前面出現一條冰河，擋住了他們的去路。

游過去無疑太冷了，而且太危險；造橋的話，週圍一草一木也沒有，怎麼造？這時，有人開始打退堂鼓了。十幾米寬的冰河非要有船才能過去，可現在上那兒去找船呢？

突然，一位隊員高興地叫了起來：「咱們不是有斧頭和鑿子嗎，為什麼不可以用冰做一條船？」

「對呀，我怎麼沒想到呢？」皮爾裏恍然大悟。

於是，大夥兒一齊動手，鑿出一個很大的冰塊，然後把它做成一條簡易的「冰船」。靠這艘「冰船」，隊員們順利地完成了考察任務。

 思考導向

很多問題不是赤手空拳所能解決的，需要利用一定的資源；管理者應重視資源在問題解決中的重要作用，在平時做好資源儲備。

問題解決所需的資源，很多都存在於問題對應的環境中。因此，管理者要善於從環境中發掘問題解決所需要的資源。

培訓師講故事

◎一位盲人要跳傘

在休閒活動走向驚險刺激的潮流之下，許多人選擇了跳傘訓練來挑戰自己的膽識。

一次例行的業餘跳傘訓練中，學員們由教練引導，魚貫地背著降落傘登上運輸機，準備進行高空跳傘。突然，不知那個學員一聲驚叫，隨著這一聲驚叫，大家才發現，竟然有一位盲人，帶著他的導盲犬，正隨著大家一起登機；更令人驚異的是，這位盲人和他的導盲犬的背上，也和大夥兒一樣，有一具降落傘。

飛機起飛之後，所有參加這次跳傘訓練的學員們都圍著那位盲人，七嘴八舌地問他為什麼會參加這一次的跳傘訓練。

其中一名學員問道：「你根本看不到東西，怎麼能夠跳傘呢？」

盲人輕鬆地回答道:「那有什麼困難的?等飛機到了預定的高度,開始跳傘的警告廣播響起,我只要抱著我的導盲犬,跟著你們一起排隊往外跳,不就行了?」

另一名學員接著問道:「那……你怎麼知道什麼時候該拉開降落傘?」

盲人答道:「那更簡單,教練不是教過跳出去之後,從1數到5,我自然就會把導盲犬和我自己身上的降落傘拉開,只要我不結巴,就不會有危險啊!」

又有人問:「可是……落地時呢?跳傘最危險的地方,就在落地那一刻,你又該怎麼辦?」

盲人胸有成竹地笑道:「這還不容易?只要等到我的導盲犬嚇得歇斯底裏地亂叫,同時手中的繩索變輕的剎那,我做好標準的落地動作,不就安全了?」

思考導向

只要膽識不滑坡,方法總比問題多。

沒有解決不了的問題,只有不願解決問題的人。可以說,解決問題的意願多強烈,找到解決問題方法的可能性就有多大。

12 識別能力自測題

在企業中，識別能力是指管理者發現、甄別和界定工作中隱藏的問題的能力。請通過下列問題對自己的該項能力進行差距測評。

1. 你如何理解問題識別能力？

A. 是發現、甄別、界定問題的能力

B. 是發現、甄別問題的能力

C. 是辨別問題的能力

2. 你通常如何觀察週圍的事物？

A. 總會仔細觀察週圍的一切事物

B. 當遇到特別的事物時會特別留意

C. 往往不在意週圍的事物

3. 你是否能夠察覺工作中出現的異常？

A. 通常能　　B. 有時能　　C. 不能

4. 你是否有過將自己不理解的事物看成是問題的情況？

A. 經常有　　B. 偶爾有　　C. 從來沒有

5. 你是否能夠準確地識別出主要問題和次要問題？

A. 通常能　　B. 有時能　　C. 不能

6. 你是否有過只看到他人的問題而忽視了自己同樣問題的情況？

A. 經常有　　B. 偶爾有　　C. 從來沒有

7. 你是否發生過曾經擱置的小問題演變成為嚴重問題的情況？

　　A.從來沒有　　　B.有過一兩次　　　C.有過三次以上

8. 你能否識別出隱藏在工作中的潛在問題？

　　A.通常能　　B.有時能　　C.不能

9. 你是否能在乎時工作的數據分析中識別出問題？

　　A.通常能　　B.有時能　　C.不能

10. 你如何理解識別問題的重要性？

　　A.能夠讓工作更有價值　　　B.是解決問題的前提

　　C.是分析問題的前提

選A得3分，選B得2分，選C得1分

24分以上，說明你的識別能力很強，請繼續保持和提升。

15～24分，說明你的識別能力一般，請努力提升。

15分以下，說明你的識別能力較差，急需提升。

培訓師講故事

◎利用幽默保飯碗

　　有一位小夥子，曾因為遲到而受到上司的嚴屬警告。有一天上班，偏偏又碰上交通堵塞，雖然可以以「因為生病，所以無法及時上班」作為遲到的理由，但是他覺得這一套不管用，上司大概已經在為解聘他而準備說詞了。

　　果然如此，當他在9點40分走進辦公室時，裏面寂靜無聲，

像個冷庫似的。

大家都在埋頭工作。小夥子的上司朝他走來，這時小夥子突然裝出一副笑臉，把手伸了過去，對上司說：「您好！我是蘇威，來這兒謀一份差事，我知道 40 分鐘以前，這裏還有一個空缺，我算捷足先登者嗎？」

辦公室裏哄堂大笑，小夥子的上司好不容易憋住了，沒有笑出聲來，回頭走出了辦公室。小夥子用幽默保住了差事。

思考導向

幽默不單是一種最生動的語言表達手法，還是一種較為實用的解決問題的方法；在工作中遇到難題時，如果適時地以幽默進行調節，事情就有可能很快地得以解決。

以軟碰硬、以卵擊石，無疑會自取其辱；如果採取迂迴的策略，巧妙週旋，或許會有挽救和迴旋的餘地。

培訓師講故事

◎羊群不再越柵欄

美國有個叫傑福斯的牧童，他的工作是每天把羊群趕到牧場，並監視羊群不越過牧場的鐵絲到相鄰的菜園裏吃菜。

有一天，小傑福斯在牧場裏不知不覺睡著了，不知過了多久，他被一陣怒罵聲驚醒了。只見老闆怒目圓睜，大聲吼道：「你這個沒用的東西，菜園被羊群攪得一塌糊塗，你還在這裏睡大

覺！」

　　小傑福斯嚇得面如土色，不敢回話。

　　這件事發生後，機靈的小傑福斯想，怎樣才能使羊群不再越過鐵絲柵欄呢？他發現，有玫瑰花的地方，並沒有牢固的柵欄，但羊群從不過去，因為羊群怕玫瑰花的刺。「有了」，小傑福斯高興地跳了起來，「如果在鐵絲上加上一些刺，就可以擋住羊群了。」

　　於是，他先將鐵絲剪成 5 釐米左右的小段，然後把它結在鐵絲上當刺。結好之後，他再放羊的時候，發現羊群起初也試圖越過鐵絲網去菜園，但每次被刺疼後，都驚恐地縮了回來，多次被刺疼之後，羊群再也不敢越過柵欄了。

　　小傑福斯成功了。半年後，他申請了這項世界性的專利，並獲批准。後來，這種帶刺的鐵絲網便風行世界。

思考導向

　　解決問題的方法不會只有一種，每個問題都總能有比目前更好的解決辦法，關鍵是管理者能認真觀察和分析，發現事物之間的聯繫，找到合適的解決方法。

　　工作中，我們應該積極思考，努力改善現狀，用更好的辦法去解決眼前的問題。不要停滯不前，總是固守原來的經驗不放。

培訓師講故事

◎寫上「入口」貼門前

　　某市有三家服裝店，它們同在一條街上，而且門戶相鄰，這樣，任何一家都有可能被其他兩家搶去不少生意。

　　有一天，第一家店的店主在門前貼出一張引人注目的告示：「專賣上等服裝」。

　　第二天，第三家店的店主也在門前貼出自己的告示：「專賣最新服裝」。

　　幾天後，中間那家店的店主，在自己的門前，只貼出一張用粗字體寫的告示：「入口」。

思考導向

　　簡單的創意卻能讓別人為自己做嫁衣，讓競爭對手的廣告效應為我所用，使他人的創意黯然失色。

　　最簡單的方法往往是最好的方法，管理者在處理和解決問題的過程中，要發散思維，找到問題最簡單最實用的解決方法，同時注意避免為他人做嫁衣。

13 指揮方向

🛈 遊戲目的：

讓學員瞭解領導者應如何行動。

讓學員認識目標的重要作用。

Ⓢ 遊戲人數：10 人

⒠ 遊戲時間：20 分鐘

✈ 遊戲場地：室外

⒠ 遊戲材料：眼罩 5 副和充好氣的氣球若干

🎯 遊戲步驟：

1. 將學員分為兩人一組，培訓師給每組分發眼罩並宣佈規則。⑴小組內有一人需戴上眼罩充當盲人，另一人則充當健全人負責背上盲人行動，他們的任務是將不遠處的氣球踩破。⑵整個行動過程中，由盲人負責指揮，健全人要完全服從盲人的指揮。⑶健全人在遊戲的過程中不能說話。

2. 把氣球放在離學員 30 米的地方，讓學員仔細察看氣球的位置，然後分配角色，由「健全人」背著「盲人」開始遊戲。

3. 當有一個小組成功踩破氣球時，此輪遊戲結束。要注意「健

全人」是否沒有嚴格按照「盲人」的指揮行動,「健全人」是否不由自主地向氣球移動。

　　4.讓小組內的兩人互換職能,即「盲人」來背著「健全人」,由「健全人」指揮「盲人」來踩氣球,當所有小組都完成了任務,遊戲結束。

遊戲討論:

　　1.為什麼在第一次遊戲時,有些小組中的健全人沒有完全按照盲人的指揮去做,而是不由自主地靠近氣球?

　　2.假如將氣球看作是工作目標,你是如何認識目標的作用的?

　　3.在工作中,那些才能是領導者應必備的?那些才能是可有可無的?

培訓師講故事

◎找出問題的癥結

　　動物管理員們發現袋鼠從籠子裏跑了出來,於是開會討論,一致認為是因為籠子的高度過低。於是他們決定將籠子的高度由原來的 10 米加高到 20 米。結果第二天他們發現袋鼠還是跑到外面來,所以他們決定將高度加到 30 米。

　　沒想到隔天居然發現袋鼠全都跑了出來,管理員們大為緊張,於是一不做二不休,將籠子加到 100 米。

　　一隻長頸鹿和袋鼠們在閒聊,「你們看,這些人會不會再繼續加高你們的籠子?」長頸鹿問。

「很難說，」袋鼠說，「如果他們繼續忘記關門的話。」

 **思考導向**

當問題發生時，你不能只看到問題的表面，而是應該找到問題的癥結：為什麼會發生這樣的問題，而不是發生別的問題？為什麼在這個環節出了問題，而其他容易出問題的環節卻運轉良好？這才是你真正應該探究的內容。

很多人做事情並不知道抓住核心問題，做了很多無用功。因此，凡事先別忙著解決，看好問題出在那裏，再對症下藥。

培訓師講故事

◎界定好問題等於成功了一半

一位老大媽走進店內，銷售小姐熱情地接待：「請問您想買點什麼？」

「我想買一個暖氣。」

「啊，您是多麼幸運啊！我們的暖氣品質非常好，而且有豐富的品種可供您選擇。有很多人喜歡買我們的暖氣，讓我拿給您看看。您看看這個暖氣，它的特點是佔用空間小，性能優良，堅固耐用，暖氣的加熱控制非常嚴密、熱感應強，暖氣運作系統是經過科學實驗進行設計的，不容易發生漏水、斷裂等事故。請您放心使用吧！您若不滿意，再看看另一種，這一種暖氣用進口環保材料製作的……」

產品介紹完畢，銷售小姐又問：「現在您還有什麼問題嗎？」

「其實我只有一個問題，這些暖氣中，那一種最能讓我感到暖和？」老人媽說。

思考導向

不清楚問題是什麼，任何解決方案都是毫無意義的。不能充分地認識問題，一切的討論和計劃就會失去方向感，結果不可能取得成功。就像是向家庭並不富裕的顧客介紹一些價格偏高又沒有太大實用性的產品，或者顧客正想買一些護膚品，可是銷售人員卻向其介紹生活用品一樣。你的產品顧客不需要，當然不會購買和關注了。

培訓師講故事

◎誰能堅持到一年

開學第一天，古希臘大哲學家蘇格拉底對學生們說：「今天，咱們只學一件最簡單也是最容易做的事兒。每人把胳膊儘量往前甩，然後再儘量往後甩。」說著，蘇格拉底示範了一遍，「從今天開始，每天做 300 下。大家能做到嗎？」

學生們都笑了，這麼簡單的事，有什麼做不到的？過了一個月，蘇格拉底問學生們：「每天甩手 300 下，那些同學堅持了？」有 90％的同學驕傲地舉起了手。又過了一個月，蘇格拉底又問，這回，堅持下來的學生只剩下八成。

一年過後，蘇格拉底再一次問大家：「請告訴我，最簡單的

甩手運動，還有那幾位同學堅持了？」這時，整個教室裏，只有一人舉起了手。這個學生就是後來成為古希臘另一位大哲學家的柏拉圖。

思考導向

把一件簡單的事堅持下去就是不簡單，把每一件平凡的事做好就是不平凡。

行動中，最容易的是堅持，一件小事只要自己願意做，人人都能做到；可最難的也是堅持，真正能夠做到底的，卻寥寥無幾。

培 訓 師 講 故 事

◎他用講話助破案

博物館被盜了！幾件鎮館的寶貝都不翼而飛。員警根據勘查的結果認為，這絕不是一個人幹的，而且必定是行家。破壞保安系統、開保險鎖、車子接應等，至少要四五個人才行。但是，他們卻沒有一絲破案線索。

政府開始懸賞，博物館的館長也接受了電視訪問。

他顫抖著說：「13件全都是精品，尤是那枚翠玉戒指，更是舉世無雙，愛珠寶的人千萬不能收藏，因為它遲早會被發現的！那戒指太好了，什麼人都一眼就看得出，那是價值連城的寶貝。」

電視採訪播出後，沒多久就破了案。

　　一群竊賊雖然計劃週詳，沒留下任何線索，卻因為內部不合、兩派開火而被發現。受傷的竊賊在訂上吐露了實情：「當時由我和另外一個人進去，我們只偷了 12 幅畫，沒有拿什麼翠玉戒指，可是外面的幾個人不信，非要我們把戒指交出來，後來連我朋友都認為我獨吞了。」他大聲喊著，「我沒有拿！我沒有拿！我們要相信我！」

　　「我相信他！」博物館長在驗收 12 幅畫之後，笑道：「感謝上天，12 幅畫完整無缺地回來了。至於翠玉戒指，唉，我們館裏幾時有過翠玉戒指啊？是我一時糊塗，亂說的！」

思考導向

　　任何問題都不可能是「天衣無縫」的，管理者只要睜開智慧的雙眼，總會看到解決問題的「縫隙」。

　　問題的堡壘無法從外部攻破時，管理者可以嘗試從其內部攻破。

14 顛倒乾坤

遊戲目的：

讓學員保持行動一致。

讓學員共同完成某項任務。

遊戲人數：20 人

遊戲時間：25 分鐘

遊戲場地：不限

遊戲材料：2 塊能夠讓 10 人站在上面的帆布

遊戲步驟：

1.將學員分成兩組，每組 10 人。

2.把兩塊帆布平鋪在地上，讓兩組學員分別站到各自的帆布上。

3.各組的任務是要用最快的速度將帆布翻過來。所有的人都必須站在帆布上，身體的任何部位都不允許接觸帆布以外的地面，否則就要重新開始。

4.最快完成任務的小組獲勝。

遊戲討論：

　　1.你們是如何完成任務的？

　　2.在遊戲中，你是如何行動的？

　　3.你從遊戲過程中學到了什麼？

培訓師講故事

◎換地方打井，就會有創新思維

　　某日，一位被眾人視為白癡的人對天才說：「你猜，我的牙齒能咬住我的左眼睛嗎？」

　　天才盯著白癡看了幾眼，篤定地說：「絕對不可能啊！」

　　白癡說：「那，我們來打個賭！」

　　天才認為這絕對是不可能的事，於是同意打賭，但只見白癡將左眼窩裏的假眼球取出丟進口中，用上下牙齒咬著。

　　天才嚇了一跳，說道：「沒想到，真的可以呀！」

　　白癡又說：「那你信不信，我的牙齒也能咬住我的右眼睛？」

　　天才說：「不可能的！」他心想，難道這個傢伙兩隻眼睛都是假的？這絕對不可能，否則他就看不見東西了。

　　於是，兩人再次打賭，只見白癡輕易地把假牙拿下，往右眼一扣。

　　天才再度吃驚了，說：「沒想到，真的可以呀！」

思考導向

「換地方打井」是著名思維學家、創新思維之父德‧波諾提出的概念，簡單說來就是要求人們善於創新。

「換地方打井」是強調如果打井的位置沒有選對，那麼再怎麼努力也是白費，應該及時更換地點，尋找一個更容易出水的地方打井。所以，打井的時候，如果努力的程度足夠卻不見水，就要想想：打井的位置是否正確，或者根本就沒有水，或者要挖很深才可以見到水。

「換地方打井」要求我們要橫向思維，在問題上不斷探索更多的解決方式，所以更具創造力。而創造力和創新思維正是我們成功不可缺少的重要條件。

培訓師講故事

◎解決問題前先想「還有更簡單的辦法嗎」

據說美國華盛頓廣場有名的傑弗遜紀念大廈，因年深日久，牆面出現裂紋。為能保護好這幢大廈，有關專家進行了專門研討。最初大家認為損害建築物表面的元兇是侵蝕的酸雨。

專家們進一步研究，卻發現對牆體侵蝕最直接的原因，是每天沖洗牆壁所含的清潔劑對建築物有酸蝕作用。而每天為什麼要沖洗牆壁呢？是因為牆壁上每天都有大量的鳥糞。為什麼會有那麼多鳥糞呢？因為大廈週圍聚集了很多燕子。為什麼會

有那麼多燕子呢？因為牆上有很多燕子愛吃的蜘蛛。為什麼會有那麼多蜘蛛呢？因為大廈四週有蜘蛛喜歡吃的飛蟲。為什麼有這麼多飛蟲？因為飛蟲在這裏繁殖特別快。而飛蟲在這裏繁殖特別快的原因，是這裏的塵埃最適宜飛蟲繁殖。為什麼這裏最適宜飛蟲繁殖？因為開著的窗陽光充足，大量飛蟲聚集在此，超常繁殖……

 思考導向

由此發現解決的辦法很簡單，只要關上窗簾就能解決幾百萬美元的維修費用。此前專家們設計的一套套複雜而又詳盡的維護方案也就成了一紙空文。

培訓師講故事

◎主次顛倒瞎忙亂

有一個人開車到加油站，他停在全套服務區，三個工人飛快地跑過來迎接他。

第一位為他洗窗，第二位為他檢查機油，第三位幫他量輪胎氣壓。他們很快地完成了這些工作，收了服務費後，這個客人就把車開走了。

三分鐘後，他又開回來了，這三個人又沖出來迎接他。

這個人說：「很不好意思，我想知道有沒有人為我的車加了油呢？」

三人面面相覷，原來匆忙間，大家都忘了幫他加油。

思考導向

管理者在行動中不可盲目、隨意，而是要分清事情的輕重緩急和先後順序，這樣才不會使行動顧此失彼、捨本逐末。

團隊成員只有加強溝通與協調，明確團隊的主要任務和目標，才可能在集體行動中抓住重點，提高效率。

15 積極應對

遊戲目的：
提高學員的反應能力。
鍛鍊學員的動作協調性。

遊戲人數：不少於 10 人

遊戲時間：15 分鐘

遊戲場地：不限

遊戲材料：無

遊戲步驟：

1. 讓所有學員面對培訓師圍成一個圓圈。

2. 從一名學員開始順時針報數，學員所報的數字為自己的代號。讓代號為 1 的人喊另一個人的代號，並用手指向該代號所對應的人。被喊到代號的人，立刻再叫另一個人的代號，同時用手指向那個人，以此類推。被喊到代號的人，如果反應時間超過 2 秒即會被淘汰出局，而其他的人繼續進行遊戲，且代號保持不變。

3. 直至很長一段時間內不再有人被淘汰，培訓師就可以宣佈該階段遊戲結束。

4. 培訓師宣佈新規則：告訴學員他們的新代號是其原來的代號數字再加上 1 後形成的新數字。當學員在喊一個人代號的時候，要把手指向另一個人（這個人的代號並非是被喊到的代號），但這個人不能是自己。被喊到代號的人，而不是被指向的那個人，繼續前面的步驟，以此類推。直至很長一段時間內不再有人被淘汰，培訓師就可以宣佈遊戲結束。

遊戲討論：

1. 這個遊戲帶給了我們怎樣的啟示？

2. 改變遊戲規則後，是否還有人在遵循原規則行事？在執行時，應該如何應對規則的變化？

培訓師講故事

◎轉換問題的方向

　　弗拉德里克・泰勒是19世紀80年代美國著名發明家和管理學家，被尊稱為「科學管理之父」。

　　1898年，泰勒進入伯利恆鋼鐵公司服務，他工作的信條是：簡化，再簡化。泰勒「簡化，再簡化」的代表作，莫過於「使用鏟子的學問」。

　　1912年，泰勒在美國國會眾議院的一個特別委員會陳述說：「在伯利恆鋼鐵公司，我發現每個工人都帶自己的鏟子去鏟原料。頭等的鏟料工一下可鏟起3.5鎊煤屑，也可以一下子鏟起38磅的礦石，那麼，究竟以那個為標準來衡量工人的工作效率呢？恐怕只有用科學管理的辦法來確定了！為了有一個明確的計算工作效率的標準，我將設計一種標準鏟。」

　　反對他的人說：「要是鏟子的使用方法也成為科學，世上恐怕所有的東西都可以使用科學的名義了！」

　　泰勒反駁道：「使用鏟子確實有學問，而且世界上的所有事情都能成為科學！」

　　泰勒真的設計了一種「標準鏟」。

　　第一次，他截短了鏟柄後，雖然工人每次鏟起礦石的重量比原來那個最好的鏟料工少了4磅，但是每天總量卻可以提高10噸。最好的那個工人原來每天鏟起礦石的總量為25噸，現在達到了30噸。泰勒繼續一點點地試，一點點地化簡，直到每鏟鏟21.5磅時，工作效率最高。

泰勒繼續研究，設計的專門工作鏟達 15 種之多，大大提高了生產效率。

嘲笑他的人心服口服，泰勒親自給他們演示了最正確也是最簡捷使用鏟子的辦法：「鏟子鏟進這種原料的正確方法，只有這一種，但錯誤的方法有許多種。請注意：鏟那些不夠順手的原料的方法是這樣的——把前臂緊緊壓在右腿上部，右手握住鏟柄頭；當你把鏟子鏟進材料堆時手臂不要用力氣，因為那樣容易疲勞；把體重壓到鏟子上，幾乎不用力氣，鏟頭就進去了，手臂也不累。」

三年多的時間過去了，「鏟子科學」給工廠和工人帶來巨大的利益：原來需 600 人幹的活兒現在只用 400 人，材料的搬運費用省了 1/2，在鏟料工作崗位上的工人薪資增加了 60%。

思考導向

解決問題之前先想是否還有更簡單的辦法，例如能用一種方案即可解決的就不用組合方案，能用經濟實惠的資源條件的就不必勞民傷財地引進高科技。總之，簡單的不一定就是不好的，最先進的並不一定就是最合適的。用正確的方法做對的事，才是我們應該掌握的處理問題的技巧。

培訓師講故事

◎皮鞋的來歷

很久很久以前，人類都還光著雙腳走路。

有一位國王到一個偏遠的鄉間旅行，因為路面崎嶇不平，有很多碎石頭，刺得他的腳又痛又麻。回到王宮後，他下了一道命令，要將國內的所有道路都鋪上一層牛皮。他認為這樣做，不只是為自己，還可造福他的人民，讓大家走路時不再受刺痛之苦。

但即使殺盡國內所有的牛，也籌措不到足夠的皮革，而所花費的金錢、動用的人力，更不知多少。雖然根本做不到，甚至還相當愚蠢，但因為是國王的命令，大家也只能搖頭歎息。

一位聰明的僕人大膽向國於提出諫言：「國王啊！為什麼您要勞師動眾，犧牲那麼多頭牛，花費那麼多金錢呢？您何不只用兩小片牛皮包住您的腳呢？」國王聽了很驚訝，但也當下領悟，於是立刻收回成命，改用這個建議。據說，這就是「皮鞋」的由來。

思考導向

想改變世界，很難；要改變自己，則較為容易。與其改變全世界，不如先改變自己：「將自己的雙腳包起來」。改變自己的某些觀念和做法，以抵禦外來的侵襲。當自己改變後，眼中的世界自然也就跟著改變了。如果你希望看到世界改變，那麼第一個必須改變的就是自己。

培訓師講故事

◎病症不能看表面

　　華佗是東漢末年著名的醫學家，他精通內、外、婦、兒、針灸各科，醫術高明，診斷準確，在醫學史上享有很高的聲譽。

　　華佗給病人診療時，能夠根據不同的情況開出不同的處方。

　　有一次，州官倪尋和李延一同到華佗那兒看病，兩人訴說的病症相同：頭痛發熱。華佗分別給兩人診了脈後，給倪尋開了瀉藥，給李延開了發汗的藥。

　　兩人看了藥方，感到非常奇怪，問：「我們兩人的症狀相同，病情一樣，為什麼吃的藥卻不一樣呢？」

　　華佗解釋說：「你倆相同的只是病症的表像，倪尋的病因是由內部傷食引起的，而李延的病卻是由於外感風寒著了涼引起的。兩人的病因不同，我當然得對症下藥，給你們用不同的藥治療了。」

　　果然，倪尋和李延服藥後，沒過多久病就全好了。

思考導向

　　貌似同類的問題，卻有著各自不同的性質，管理者只有「對症下藥」，為它們各自找到有針對性的解決方法，才能將問題全部解決。

　　管理者解決問題時，不能僅僅相信眼睛看到的，還要對問題做原因分析，只有這樣才能真正確定問題的癥結所在。

16 分析能力自測題

在企業中，分析能力是指管理者探究與問題相關的各種因素、對具體問題進行具體分析的能力。請通過下列問題對自己的該項能力進行差距測評。

1. 你如何認識「分析問題」？

    A. 沒有分析就不能解決問題

    B. 仔細分析才能制定出有效的解決方案

    C. 分析問題是問題解決的必要步驟

2. 在分析某個問題時，你能意識到幾種促使問題發生的因素？

    A. 3 種以上   B. 2～3 種   C. 最多 1 種

3. 當你在分析完某個問題以後，別人能找到某些遺漏嗎？

    A. 通常找不到   B. 有時候能找到   C. 經常能找到

4. 你是否有過因為對問題認識不清而受到上司指責的情形？

    A. 經常有   B. 偶爾有   C. 從來沒有

5. 遇到問題時，你是否會不加分析就著手解決？

    A. 從來沒有   B. 偶爾有   C. 經常有

6. 你認為自己的邏輯思考能力如何？

    A. 很好，我善於邏輯推理   B. 一般

    C. 很不好，我不善於推理

7. 你是否能從一個問題聯想到另一個與它相關的問題？

A.經常會　　B.有時會　　C.不會

8. 你認為自己是否能夠透過問題的表像看到問題的本質？

A.通常能　　B.有時能　　C.不能

9. 你是否能夠準確找到與問題相關的人？

A.通常能　　B.有時能　　C.不能

10. 你是否能夠通過分析問題及時制定出解決問題的方案？

A.通常能　　B.有時能　　C.不能

選 A 得 3 分，選 B 得 2 分，選 C 得 1 分

24 分以上，說明你的分析能力很強，請繼續保持和提升。

15～24 分，說明你的分析能力一般，請努力提升。

15 分以下，說明你的分析能力較差，急需提升。

培訓師講故事

◎倒過來試試看

有一個青年畫家，由於功底不夠，性情又急躁，畫出來的畫總是很難賣出去。他看到大畫家阿道夫·門采爾的畫很受歡迎，便登門求救。

他問門采爾：「我畫一幅畫往往只用不到一天的時間，可為

什麼賣掉它卻要等上整整一年？」

門采爾沉思了一下，對他說：「請倒過來試試。」

青年人不解地問：「倒過來？」

門采爾說：「對，倒過來！要是你花一年的工夫去畫，那麼，只要一天的工夫就能賣掉它。」

「一年才畫一幅，這多慢啊！」青年人驚訝地叫出聲來。

門采爾嚴肅地說：「對！創作是艱巨的，沒有捷徑可走，試試吧，年輕人！」

青年畫家接受了門采爾的忠告，回去以後，苦練基本功，深入生活搜集素材，週密構思，用了近一年的工夫畫了一幅畫，果然，不到一天就賣掉了。

思考導向

管理者在面對棘手的問題時，越是試圖逃避問題，問題可能會越嚴重；積極地面對問題才能快速有效地解決問題。

有效溝通是解決問題的最好途徑。管理者可以通過溝通，讓他人幫助自己找到問題的癥結所在，虛心接受他人的有益建議，從而成功地解決問題。

培訓師講故事

◎由懲罰改為獎勵

一家圖書館經常發生圖書不翼而飛的事情。為防止偷書現象的繼續發生，圖書館在牆上掛起了一塊告示牌：凡偷書籍者，罰款 100 元並給予通報批評。然而情況並沒有改善，偷書現象仍屢禁不止。

一位專家來該圖書館參觀，看到圖書館掛著的告示，他向圖書館提出了建議。不久之後，告示牌的內容變成了「檢舉偷竊書籍者，一律獎勵 100 元」，從這以後，圖書館的書籍很少丟失了。

思考導向

解決問題要善於為自己爭取更多的支持和同伴。管理者不要把所有的人都放到你的對立面，而應該換一種眼光，將他們看成你的朋友。

換一種眼光，可以變與人為敵為與人為善；換一種心態，可以變勢不兩立為志同道合；換一種做法，可以變被動應付為主動出擊。

◎換個角度方式來租房間

有一家人，丈夫、妻子和一個 5 歲的孩子，他們決定搬到城裏去住，於是四處找房子。

「您可以把房子租給我們嗎？」他們好不容易找到了一處房子，丈夫小心地問主人。

「實在對不起，我們不想把房子租給有小孩的住戶。」房東淡淡地說。

夫妻倆一聽慌了，這個 5 歲的孩子卻把這一幕從頭到尾都看在眼裏，他折了回去，敲開房東的門，精神抖擻地說：「老大爺，那個房間我租了——我沒有孩子，只有兩位老人！」房東聽了哈哈大笑，痛快地把房子租給了他們。

思考導向

當解決問題的某一方法受阻時，轉換一個角度看問題，往往能夠出奇制勝，找到解決問題的捷徑。

思路決定出路，管理者思路有多寬，活動的舞臺就會有多大，就更容易在遇到問題時另闢蹊徑，加以解決。

17 故事接龍

ⓘ 遊戲目的：

鍛鍊學員的應變能力。

訓練學員的邏輯思維能力。

Ⓢ 遊戲人數： 8～15 人

Ⓔ 遊戲時間： 30 分鐘

✈ 遊戲場地： 教室

€ 遊戲材料： 無

🎯 遊戲步驟：

1. 讓學員圍坐成一個圓圈。

2. 培訓師擬定一個故事的命題，然後讓學員集體講一個故事。

3. 指定一名學員起頭，當他講到某一點時可以停下來，用手拍一下他右邊人的肩膀。

4. 被拍肩膀的學員要接著將故事講下去，且要保證自己講的與前一名學員保持連貫性和邏輯性(見附件的範例)。

5. 依照順序不斷進行下去，直到有人接不上來或為故事畫上了句號。

6.這兩個命題最好是完全相反的內容和風格，如「倒楣的一天」與「幸運的一天」等等。

附件：

倒楣的一天（範例）

A：今天早晨我一起床，一看時間，居然7點60了，原來，我的鬧鐘沒有電罷工了。可8點半就要上班了，所以我顧不得吃早飯，只是簡單洗漱了一下，就跑出了門。（拍一下B的肩膀）

B：我來到公車站，這裏已經是人山人海了，正好來了一輛公共汽車我就擠了上去，可是買票時卻發現錢包落在家裏了。（拍一下C的肩膀）

C：我只好滿臉堆著笑，對售票員說：「不好意思，我的錢包落在家裏了，下回我補上行嗎？」售票員卻沒有好臉色：「沒錢坐什麼車！」（拍一下D的肩膀）

D：我只當沒聽見，走到車廂後門口，突然一個急剎車，我就摔到了地板上，嘴角都流了血。

……

培訓師講故事

◎沙漠裏的水源

在非洲的大沙漠，有著很多的部落，每一個部落都面臨著同樣的一個問題，水源的缺乏。每天，他們都要去很遠的地方挑水來維持生活。

有這樣一個部落，我們姑且稱他們為 A 部落，部落裏的酋長和長老們一致認為每天這樣子每戶人家都派人去那麼遠的地

方挑水，實在是太浪費勞力了，所以，他們決定從村裏選出兩個身強力壯的勞力來，整天負責挑水供應全村人的用水，然後村裏付給他們每個月 2000 美金的報酬。這個報酬對於他們來說，是非常豐厚的，所以，村裏的每一個人都渴望獲得這份工作。

最終，村裏的兩個年輕人獲得了這份工作，他們開始高高興興地每天挑水，一趟又一趟，日復一日。半年過去以後，有一個年輕人覺得這份工作太辛苦，太無聊了，雖然報酬優厚，但是他還是決定放棄這份工作。村裏的人都覺得不可思議，但是由於競爭這份工作的人很多，所以也就讓他走了。從那以後，村裏就再沒有人見過這位年輕人。

又過了半年以後，那位年輕人又出現了，而且他帶來了水源！原來，他消失的這半年，是去挖水道去了，他將距離村子很遠的水源，用管道連接到了村子裏。他向全村人宣佈，從今以後，村裏的用水由他一個人供應，而且只收村裏 1500 美金。

從此，挑水的人失業了，不僅僅是 A 部落的挑水人，包括鄰近部落的，甚至遠方部落的，每一個人都效仿他的做法，或是從他這裏又接了一條支道出去，當然，這需要付給他每月一定的費用……

思考導向

「水源」是我們解決問題的關鍵，只有改變原來的思維，找到水源才能一勞永逸。

培訓師講故事

◎一道受用終身的測試題

給你做一道題吧……測試一下看看你是不是通得過自己對自己的考驗。

這是一家公司要招收新的職員其中一個測試的問題……

你開著一輛車。

在一個暴風雨的晚上。

你經過一個車站。

有三個人正在等公共汽車。

一個是快要死的老人，好可憐的。

一個是醫生，他曾救過你的命，是大恩人，你做夢都想報答他。

還有一個是你做夢都想的夢中情人，也許錯過就沒有了。

但你的車只能坐一個人，你會如何選擇？請解釋一下你的理由。

在你看下面的話之前仔細考慮一下！

我不知道這是不是一個對你性格的測試，因為每一個回答都有他自己的原因。老人快要死了，你首先應該先救他。然而，每個老人最後都只能把死作為他們的終點站，你先讓那個醫生上車，因為他救過你，你認為這是個好機會報答他。同時有些人認為一樣可以在將來某個時候去報答他，但是你一旦錯過了這個機會，你可能永遠不能遇到一個讓你這麼心動的人了。

在 200 個應徵者中，只有一個人被僱用了，他並沒有解釋

他的理由，他只是說了以下的話：「給醫生車鑰匙，讓他帶著老人去醫院，而我則留下來陪我的夢中情人一起等公車！」

　　每個人都認為以上的回答是最好的，但不是所有人都能想得到。

　　是否是因為我們從未想過要放棄我們手中已經擁有的優勢(車鑰匙)？有時，如果我們能放棄一些我們的固執、狹隘和一些優勢的話，我們可能會得到更多。

培訓師講故事

◎杜絕浪費學豐田

　　1950 年，豐田公司遇到極大困難，為了改善局面，豐田喜一郎「三顧茅廬」，請到了管理能手石田退三，請他擔任總經理。

　　石田上任後立即到各工廠、科室視察，發現了豐田衰落之源——浪費。而後，杜絕浪費的治廠綱領隨即出臺。

　　他規定：所有管理幹部都要走出辦公室，到現場辦公，一旦發現有任何明顯浪費現象，就要不斷地追問 15 個「為什麼」。比如，當事人報告：「保險絲斷了。」

　　就要問：「為什麼保險絲斷了？」

　　「因為掉進鐵屑。」

　　「為什麼讓它掉進鐵屑？」

「因為沒有防護罩。」

「為什麼沒防護罩？」

「因為工廠沒有統一安排。」

……

於是，立即由工廠主任解決車床加防護罩的問題，從而使這種浪費永遠不會再出現第二次。

依靠這些最基礎的決策管理，豐田迅速克服了困難並重新走上了正軌，石田退三也成為了日本的「管理之王」。

思考導向

有時，解決問題的辦法不是憑空想出來的，而是通過對問題發生現場的觀察和分析得出的。

想要找到問題發生的根源，管理者就應「打破砂鍋問到底」，找到問題發生的最上游的原因。

18 搶地盤

🛈 遊戲目的：

提高學員的應變能力。

提高學員的行動能力。

🛈 遊戲人數： 20 人

🛈 遊戲時間： 20 分鐘

🛈 遊戲場地： 不限

🛈 遊戲材料： 16 開白紙 19 張

🛈 遊戲步驟：

1.用 16 開白紙圍成一個圓圈，讓學員在白紙圓圈週邊成一個稍大的圓圈。

2.培訓師可以讓學員順時針和逆時針反覆跑動，並不斷要求學員加快速度，這可以使比賽更加激烈。

2.當培訓師喊停時，學員要迅速將雙腳踏在一張白紙上（搶地盤），當白紙已被他人搶先佔據時，學員就要另尋其他白紙。遊戲過程中要注意安全，學員之間不許互相推攘，將他人推出白紙而自己佔據的人將被淘汰。

4.沒有搶到地盤（雙腳沒有踏在白紙上）的人將被淘汰。

5.拿走一張白紙，按上述步驟重新遊戲，直到剩下最後一位學員為止。

遊戲討論：

1.從這個遊戲中，你得到了那些啟示？

2.你如何理解「成功，只要比別人快一點兒就行」這句話？

3.如何才能提高個人的應變能力？

培訓師講故事

◎在影子中尋找自己的價值

有一個愣頭愣腦的流浪漢，常常在市場裏走動，許多人很喜歡開他的玩笑，並且用不同的方法捉弄他。其中有一個大家最常用的方法：就是在手掌上放一個五元或十元的硬幣，由他來挑選，而他每次都選擇五元的硬幣。大家看他傻乎乎的，連五元和十元都分不清楚，都捧腹大笑。每次看他經過，都一再地以這個手法來取笑他。過了一段時間，一個有愛心的老婦人，就忍不住問他：「你真的連五元和十元都分不出來嗎？」

流浪漢露出狡黠的笑容說：「如果我拿十元，他們下次就不會讓我挑選了。」

 **思考導向**

當人自以為聰明時，其實正顯示出愚昧和無知。讓我們多

以柔和謙卑的態度與人相處吧，那才真正是智者的行為。

培訓師講故事

◎哥倫布立蛋

在一次宴會上，一位客人對哥倫布說：「你發現了新大陸有什麼了不起，新大陸只不過是客觀的存在物，剛巧被你撞上了。」

哥倫布沒有同他爭論，而是拿出一隻雞蛋，讓他立在光滑的桌面上。

這位客人試來試去，無論如何也不能把雞蛋立起來，終於無能為力地住手了。

這時，只見哥倫布拿起雞蛋猛力往桌面上一磕，下面的蛋殼破了，但雞蛋穩穩地立在了桌面上。之後，哥倫布說了一句頗富哲理的話：「不破不立也是一種客觀存在，但就是有人發現不了。」

思考導向

我們當中的許多人成天在抱怨嘲笑別人這也不行，那也不對。而當換成讓他自己去幹時，結果他什麼也幹不了，傳統的思維已成為一種定勢，讓他在自縛的繭中無力自拔。當一種新生事物來臨時，他除了嘲笑、懷疑之外便是無動於衷，無能為力。

培訓師講故事

◎圖德拉的成功協調術

什麼叫協調？協調就是協同配合加以適當調節的辦法。用這個辦法解決問題，會讓各個方面各得其所地加以統一。

圖德拉聽說，阿根廷國家要買 2000 萬美元的丁烷。可當他以阿拉斯加玻璃製造商的身份趕到那兒時，發現對手竟然是英國石油公司和殼牌石油公司！面對公司強大的對手，如果硬碰硬是必然要失敗的。那麼，還有沒有迂廻協調之路呢？經過調查，他發現，由於牛肉過剩，阿根廷人非常希望能把牛肉賣出去。於是，他再與阿根廷人談判時，就對阿根廷政府說：如果你們把這 2000 萬美元丁烷的合約給我，我就買你們 2000 萬美元牛肉。就這樣，他果然拿到了 2000 萬美元丁烷的合約。西班牙一家大造船廠急於賣船，在圖拉德的遊說之下，他們買下了阿根廷的牛肉(圖拉德賺了一筆)，然後，圖拉德又把這個西班牙船廠的一條船賣給了缺乏運力的太陽神石油公司(圖拉德又賺了一筆)，同時，作為交換，他還購買了太陽神石油公司 2000 萬美元的丁烷，再轉賣阿根廷，圖拉德終於又賺了一大筆。

思考導向

協調可以讓個人利益融入各方利益。成功協調的關鍵就是讓各方都能得到利益，再加上好方法就更能事半功倍！

培訓師講故事

◎側向思維──跳出原來的圈子

　　有這麼一幅漫畫，一個人在挖井，幾乎每個井都挖了一段，但都不深入，結果留下很多口未出水的井，其實只要他繼續挖一點點，就會挖到地底的暗河，但他每次都還沒挖到就放棄了。此故事講述的道理是做事不能半途而廢，如果漫畫的主人能夠堅持下去，專注於一口井，而不是每口井都不深挖的話，說不定早就大功告成，挖出一口能冒出水來的井。

　　如果從側向思維來分析，那麼你會有迥然不同的收穫。

　　首先，我們也不知道到底那兒能夠挖出水來，在此之前唯一能做的就是：只有確定了井的正確位置的前提下，才有可能輕而易舉地深挖出水。你要做的就是一旦遇到錯誤的、不出水的井，就應該果斷放棄，不可貪戀已經挖了半截，這就是側向思維的重要性。該漫畫的主人就是在發現了井的位置有錯誤之後，明白再怎麼深挖都不可能有水冒出，所以果斷放棄，排除一些錯誤位置的井。這種橫向思維是值得我們學習的，那麼何為側向思維呢？

　　側向思維又叫「旁通思維」，是要你避開問題的鋒芒，從側面去想，從最不打眼的地方入手，從別的領域尋求啟發，從無關緊要的、次要的地方多做文章，「左思右想」，說話時「旁敲側擊」、「遲人半步」、「避敵鋒芒」都是典型的側向思維方式：

　　一百多年前，奧地利的醫生奧恩布魯格，想解決怎樣檢查出人的胸腔積水這個問題，他左思右想之後，突然想到了自己

父親,他的父親是酒商,在經營酒業時,只要用手敲一敲酒桶,憑叩擊聲,就能知道桶內有多少酒,奧恩布魯格想:人的胸腔和酒桶相似,如果用手敲一敲胸腔,憑聲音,不也能診斷出胸腔中積水的病情嗎?「叩診」的方法就這樣被發明出來了。

「他山之石,可以攻玉」該成語就很好地解釋了其含義。我們可以借助其他企業的經驗渡過難關,相互學習。

側向移入。具體說來,就是從外界出發尋找靈感和啟示,突破擺脫單一視角的束縛,注意力不僅僅是局限於本專業、本行業,而是從其他方向側視入手,將關注點引向外界更廣闊的領域,或者將其他領域已成熟的、較好的技術方法、原理等直接移植過來加以利用。

如為了減少摩擦,人們一直在致力於尋找改進著軸承的方法。但如果一味按照常規思路,無非就是改變軸承結構或潤滑劑、滾珠形狀等,始終都不能有很大的突破。後來,有人不再把目光聚集於一點,只想著要改進車輪的方法,而是把視野轉到其他方向,想到高壓空氣不是讓氣墊船漂浮嗎,相同磁性材料會相互排斥並保持一定的距離。受到啟發,靈感一現,他迅速將這些新設想移入軸承中,打破傳統方式下車輪一定要採用滾珠和潤滑劑的思維僵局,而從另一方面著手分析,得出只需向軸套中吹入高壓空氣,使旋轉軸呈懸浮狀的空氣軸承,或用磁性材料製成的磁性軸承的方法,就能很好的減少摩擦。

如想要解決技術難題或進行管理創新、產品創新,那麼側向移入就一種最基本的思維方式,側向思維的應用例子不勝枚舉。如威爾遜從移入大霧中拋石子的大自然的具體現象入手,受到啟發,在工作中探測基本粒子運動的雲霧器被設計出來;

由茅草的細齒拉破手指，魯班進而受到啟發，發明了鋸子；格拉塞觀察啤酒冒泡的現象，汽泡室的設想在他頭腦中顯現，等等。大量發明創造的事實和具體例子顯示，從其他領域借鑑或受啟發是創新發明的一條捷徑。

側向轉換。有時問題不能單刀直入地直接解決，需要從薄弱環節或旁邊相聯繫的事物入手解決，萬事萬物都是相互聯繫，其特定環境下必有其適合的產品，稍微做些改進便會有意想不到的競爭潛力和優勢。

日本人就想到了這一點，在冰箱的用途上進行延伸，縮小冰箱的尺寸，從而發明創造了一種與 19 英寸電視機外形尺寸一般大小的冰箱。由於體型較小，他可以使用的地方增多，除了可以在辦公室使用之外，全家人外出旅遊，還可安裝在野營車、娛樂車上，極其方便。

與家用冰箱相比，在工作原理上微型電冰箱本質上並沒有什麼區別，只是由於產品所處的環境不同，其差別只是在產品使用環境上的微小的差異。日本人發揮聰明才智，從側向思維出發，從產品的具體使用環境入手，把冰箱的使用方向由家居轉換到了辦公室、汽車、旅遊等其他側翼方向，有意識地改變，引導和開發了人們潛在的消費需求，從而達到了創造需求、開發新市場的目的。可見，側向思維的具體轉換讓日本人迅速突破競爭對手的追擊，開發出全新的市場體系，別人無法模仿，競爭優勢立現。

側向移出。顧名思義，是和側向移入方向相反的一種思維方式，側向移出要求把已有的興趣、技術或者發明創造移出本領域，只是視角的方向發生了改變，從本領域移到其他領域而

已，思路和側向移入並無本質區別。擴大現有的使用領域、使用對象的範圍，將其擴展或移植到其他意想不到的領域或對象上。這也是一種立足於跳出本領域，克服線性思維的思考方式。

歷史上，拉鏈的誕生曾被譽為影響現代生活的十項最重大的發明之一。這正是「側向移出思維」的結果，拉鏈的發明人賈德森原本只是將拉鏈用於日常生活，作為鞋帶的替代品，可是偏偏有人將這一技術進行側向思維，移出本領域，運用到更為廣闊的領域，從而發現商機。

思考導向

有人進一步利用側向思維，將拉鏈引入錢包、箱包、衣服、塑膠口袋等，賺了一大筆錢，後來，經過後人的一步一步地側向移出，拉鏈已經滲透到人們生活的各個方面，每個角落，如枕套、筆盒等。

總之，為了發現事物之間有無可能側向移入、移出或轉換，我們需要有一雙善於發現「聯繫」的眼睛，對問題有深刻的鞭辟入裏的理解，當生活中出現可以使用相同原理的具體事物時，我們的思維就能夠像沾滿汽油的紙一樣被生活的靈感點燃，前提是我們得對問題有深度的思考和認識之後才可以做到。

19 獎金的競賽

遊戲目的：

　　獎金競爭是一個透過獎金來帶動學員學習和競爭積極性的遊戲。它看似只有團隊與團隊之間的競爭，但對於團隊成員的參與有激勵作用。這個遊戲對於增加大家掌握知識的積極性以及增進團隊成員之間的感情有促進作用，很有實踐意義。

　　1. 運用競爭和獎金機制來激勵學員在學習過程中積極參與。

　　2. 對整個小組進行測驗。

遊戲人數：將全體學員分成 2 個組

遊戲時間：15～20 分鐘

遊戲場地：室內

遊戲材料：事先準備好的列表及白板

遊戲步驟：

　　1. 選擇一組學員已經學習過的項目知識（如新產品的特性，或一台機器的組成部份等等）進行測試。

　　2. 將這些項目摻雜一些錯誤項目並列寫在兩塊白板上，同時列印出來分發給每位學員。

3. 讓兩個小組各選出一名組員。他們的任務是分別在兩塊白板上尋找正確的項目並在其後打「√」（白板背對學員）。

4. 其他組員則在自己的紙上做同樣的工作。

5. 一段時間後停止。

6. 將白板同時轉向所有組員，要求組員指出白板上的錯誤答案。

7. 每正確指出一個錯誤答案，組員可得到一元獎勵。

8. 白板上錯誤最少的小組為獲勝小組，每位組員可得到十元的獎勵。

9. 同樣的測試可以穿插於整個教學過程中，多次進行。

10. 為了增進學員間的友情，可以讓「獲勝者」用獎金請「失敗者」吃冷飲。

注意：

1. 在白板上作選擇的隊員負有決定小組勝敗的責任，所以在該隊員的選擇上要慎重。

2. 需要各成員積極發言以指正白板上的錯誤。

🌀 遊戲討論：

1. 你對自己辨認正誤的測試結果是否滿意？

2. 你認為本組勝利或失敗的原因在那裏？

3. 如果你代表本組在白板上做題，你認為你所在的小組是否能勝出？為什麼？你的感受如何？

對知識掌握程度如何是本遊戲能否取勝的重要條件。

可以讓兩個小組的每位成員都在白板上回答一個題，並分別由對方小組成員糾錯。

培訓師講故事

◎黃牛認出它是狼

一隻狼掉到陷阱裏去了，怎麼跳也跳不出來。後來，一頭黃牛慢慢走過來了，狼連忙向黃牛打招呼：「好朋友，幫幫忙吧！」

黃牛問：「你是誰？為什麼掉到獵人設下的陷阱裏去了？」

狼立刻裝出一副又老實又可憐的模樣，說：「你不認識我嗎？我是一隻又忠誠又馴良的狗啊。為了救一隻掉到陷阱裏的小雞，我不顧一切，犧牲自己，一下跳了進來，就再也出不去了。唉，可憐可憐我這只善良的老狗吧！」

黃牛看了它幾眼，有些不相信，說：「你真的是狗麼？為什麼你那麼像狼？為什麼你用狼一樣的眼神看著我？」

狼連忙半閉了眼睛說：「我是狼狗，所以有些像狼。但是，請你相信，我的的確確是狗。我的性情很溫和。我還會搖尾巴，不信你瞧，我的尾巴搖得多好。」

狼為了證明自己的話，就使勁搖了幾下自己的硬尾巴。「撲撲撲！」把陷阱裏的一些土塊都敲打下來了。

黃牛慌忙後退了一步，說：「是的，你會搖尾巴。可是會搖尾巴的不一定都是狗。你說，你真是一隻狼狗嗎？」

狼有些不耐煩了：「沒錯，沒錯！我可以發誓。快點吧，快點吧！只要你伸下一條腿來，我就可以得救了。我一出來馬上就報答你。比如我可以給你舔舔毛、幫你咬咬蝨子。真的，我是非常喜歡牛特別是黃牛的。」

黃牛還是有點猶豫，又往後退了一步：「不成，我得考慮考慮。」

這時候，狼忍耐不住了，突然咧開嘴，露著牙齒，對黃牛咆哮：「你這老傢伙！快一點過來！」

黃牛冷靜地看了它一眼，慢吞吞地回答說：「你是狼，我看見你的尖牙齒了。去年冬天你咬了我一口，差點沒把我咬死，我一輩子也忘不了。你再會搖尾巴也騙不了我，再見吧！」

思考導向

任何事物的本質都不會被掩蓋得天衣無縫，管理者只要仔細觀察、認真思考，必定會透過事物的表像發現其中隱藏著的問題。

培訓師講故事

◎問題出在自己身上

一群羊共 12 隻，涉水過河。到達對岸時，其中最年長的一隻是羊隊長，便開始點數，惟恐丟失同伴。

「1 隻，2 隻，3 隻……」

它數了幾次，總是少了 1 隻。

「奇怪，剛才還沒有過河時，明明是有 12 隻的，怎麼現在卻少了 1 隻，難道有 1 隻被水沖走了？各位幫忙數一數好不好？」

羊們聽隊長這麼一說，便數了起來。但數來數去都是 11 隻。它們都開始緊張起來。

此時，有名牧童騎牛走過，見到這情景，大笑起來。

最年長的羊，生氣地說：「你笑什麼？我們都在著急，你也不幫忙，還在笑！」

牧童說：「你們明明是 12 隻，但你們只看別人，不看自己，所以數來數去只有 11 隻啊！」

思考導向

出現問題時，管理者不應總盯著他人，也許問題就出在自己身上。當局者迷，旁觀者清。當內部人員無法識別問題時，管理者不妨借助一下局外人的力量。

培訓師講故事

◎鉛筆的用途

1983 年，一位名叫普洛羅夫的捷克籍法學博士在做畢業論文時，從紐約警察局調查得到一些犯罪記錄。他獲得一個意外收穫：在紐約里士滿區有一所名叫聖・貝納特學院的窮人學校，近 50 年來從那裏出來的學生，相比較於從其他學校裏面出來的學生，在紐約警察局的犯罪記錄是最低的。普洛羅夫的初衷是想透過做論文及相關調查來拖延在美國的時間，並借此機

會在美國找到一份律師工作，然而調查做完之後，他被這所特殊學校的故事深深感動了，並最終改變了他僅僅只想留在美國當一名律師的想法。

普洛羅夫由於資金短缺，不得不向紐約市市長申請到一筆市長基金以便使這一課題能夠深入開展下去查。得到相關資金救助後，他展開了積極調查。以下便是他獲得的信息：

凡是在聖·貝納特學院學習私工作過的人，只要能打聽到他們的地址或郵箱，普洛羅夫都要給他們郵寄一份調查表，問他們：「聖·貝納特學院教會了你什麼？」

在將近 6 年的時間裏，他共收到了 3756 份回函。在這些回函中有 74% 的人回答，在學校裏他們知道了一隻鉛筆到底有多少種用途，這就是學校教會給他們的。

這到底是怎麼回事呢？為了尋求到問題的答案，他繼續做了更為深入的調查。

普洛羅夫透過走訪紐約市最大的一家皮貨商店的老闆，他曾經就讀於該所學院，之後他得到了問題的答案。該老闆說：「貝納特牧師教會了我們一隻鉛筆有多少種用途。這是剛入學我們考試肘的第一篇作文，他的題目就是這個。當初，我自認為鉛筆只有一種用途——那就是寫字。然而誰都知道鉛筆不僅僅能夠用來寫字，不只是有一種用途：必要的時候兩根，一根劃線一根還能代替格尺和尺子用來畫直線；還能作支撐物；還能作為禮品送同桌或朋友表示友愛；能當商品出售獲得利潤；鉛筆的芯磨成粉後可以做潤滑粉；演出的時候可以臨時用來化妝；削下的木屑可以做成裝飾畫；一隻鉛筆按照相等的比例鋸成若干

份，可以當作玩具的輪子；可以做成一副象棋；在野外缺水的時候，鉛筆抽掉芯還能當作吸管喝石縫中的水；在遇到壞人時，削尖的鉛筆還能作為自衛的武器……總之，一隻鉛筆用途有無數種。不同的情況下有不同的用途，只要靜心想想，其實就像每個人的前途一樣可以有很多種可能。當我們沒有眼睛時，就用耳朵生存；當沒有耳朵時，就用鼻子生存……總之，天無絕人之路，只要善於挖掘，每個人可以進發出無數種潛能，就會收穫成功的喜悅。

貝納特牧師讓我們這些窮人的孩子明白，有著眼睛、鼻子、耳朵、大腦和手腳的人更是有無數種用途，並且任何一種用途都足以讓我們走向成功。

原來我是一個電車司機，經過一些事故之後，意外失業了。但是你看我現在，卻又是一個皮貨商了。」

帶著樂觀向上的生活態度和正確的信仰，他微笑著說：「我們應該堅信人生不只是只有一種可能的。」

普洛羅夫後來又採訪了一些聖・貝納特學院畢業的學生，發現無論貴賤，他們都有一份職業，並且生活得非常樂觀。而且，他們都能說出一隻鉛筆至少 20 種用途。

在調查中，普洛羅夫從中受到了極大的啟發。調查一結束，他改變了初衷，毅然決然放棄了在美國尋找律師工作的想法，匆匆趕回國了。在此之後，經過不斷努力和商場的摸爬滾打，他明白一個人的潛力是無限的，有無數種可能供他選擇，最後他終於在捷克當上了最大的一家網路公司的總裁。

20 溝通能力自測題

在企業中，溝通能力是指管理者在與他人合作過程中通過有效溝通的手段解決問題的能力。請通過下列問題對自己的該項能力進行差距測評。

1. **當你在工作中遇到問題需要與上級溝通時，你通常會採取那種溝通方式？**

    A.當面溝通　　B.電話溝通　　C.電子郵件溝通

2. **如果在解決問題時與同事發生矛盾，你會如何處理？**

    A.求同存異，消除誤會

    B.通過第三方協調後再解決問題

    C.中止與對方的溝通，自己做出問題解決的方案

3. **你是否能夠準確識別出溝通對象屬於什麼樣類型的人？**

    A.通常能　　B.有時能　　C.不能

4. **你所在的團隊是否有過因溝通不暢而產生問題的情形？**

    A.從來沒有　　B.偶爾有　　C.經常有

5. **在與他人溝通時，你是否能夠從其話語中得到解決問題的啟示？**

    A.通常能　　B.有時能　　C.不能

6.當一個問題正在解決過程中，你如何搜集你下屬的回饋意見？

A.適時跟蹤並搜集回饋意見

B.定期跟蹤並搜集回饋意見

C.等到問題解決後再開始搜集回饋意見

7.當對方提出你不同意的問題解決方案時，你會打斷他嗎？

A.從來不會　　B.偶爾會　　C.經常會

8.針對不同類型的人，你會經常變換溝通方式嗎？

A.經常會　　B.有時會　　C.不會

9.在解決問題過程中，你與對方的信息溝通是否及時？

A.非常及時　　B.比較及時　　C.不及時

10.在與他人溝通時，你是否能夠意識到自己剛說的某句話有問題？

A.通常能　　B.有時能　　C.不能

選A得3分，選B得2分，選C得1分

24分以上，說明你的溝通能力很強，請繼續保持和提升。

15～24分，說明你的溝通能力一般，請努力提升。

15分以下，說明你的溝通能力較差，急需提升。

培訓師講故事

◎改變道歉意思

美國著名作家馬克・吐溫在一次演說中談到國會中某些議員卑鄙齷齪的行徑時，情緒激動，不能自已，說道：「美國國會中的某些議員簡直就是狗娘養的！」事後，某些議員聯合起來攻擊馬克・吐溫，要求他賠禮道歉，承認錯誤，並揚言如不照辦，就要向法院控告他的誹謗罪。

馬克・吐溫於是在報上發表了這樣一則聲明：

「本人上次談話時說『美國國會中的某些議員是狗娘養的』，確有不妥之處，而且不符合事實。現鄭重聲明如下：美國國會中的某些議員不是狗娘養的。——馬克・吐溫。」

這一來，那些議員無法再控告他誹謗了，但卻陷入了更尷尬的處境。

思考導向

同樣一個意思，不同的語言表達，會有不同的效果；同樣的目的，不同的方法也會產生出不同的執行效果。

要想做好首先做對；執行中最怕的不是犯錯誤，而是沒有辦法去改正錯誤。

培訓師講故事

◎想要娶親有條件

　　一窮書生愛上了財主家的小姐，一天他去提親，可財主讓他做成三件事之後才可以娶他的女兒。財主看見門邊有一頭牛，就說：「你先讓牛搖頭，再讓牛點頭，然後讓它跳到河裏去，就算你贏。」

　　書生走到牛的跟前，跟牛說了幾句話，只見牛先搖了搖頭，後又點了點頭，最後「撲通」一聲跳到了河裏。

　　財主很奇怪，問他是怎麼做到的。

　　書生說：「我先問牛認不認識我，牛搖了搖頭；我問它，你很牛嗎？牛點了點頭；然後我用火燒它的尾巴，它就跳到河裏去了。」

　　財主氣壞了：「我剛剛說錯了，是先讓牛點頭，後讓牛搖頭，不許用火燒它，再讓它跳到河裏去。哼哼，這下你沒有辦法了吧？」

　　只見書生又走到牛的旁邊，跟牛說了幾句話，牛點頭又搖頭後，又再一次跳到河裏去了。

　　財主很奇怪，問他怎麼又做到了。

　　書生說：「我先問它，你認識我嗎？牛點了點頭。我又問它，你很牛嗎？牛搖了搖頭。最後我說，那你知道該怎麼做了吧？結果它自己就跳到河裏去了！」

思考導向

　　抓住關鍵，對症下藥是解決問題的關鍵，管理者必須多思考，多動腦筋，轉換角度看問題。

　　問題總會有解決的辦法，隨著問題的不斷發展，管理者必須憑藉自己的聰明才智找到新的解決辦法。

培訓師講故事

◎妙用爆竹來通煙囱

　　20 世紀 80 年代初，有個工廠的鍋爐房後面有個老式的煙囱，是由磚砌成的。這個煙囱體積龐大且年久失修，煙囱裏滿是各種各樣的廢渣和煤灰，這些東西鬆散地「搭」在煙筒的內壁上，對出煙造成了阻礙，當這些搭在內壁上的東西足夠厚時，就完全阻擋了煙的排放，煙筒被堵死了。

　　冬天就要到了，供暖問題迫使單位要對這根煙囱進行維修，當時還沒有專業的煙囱清潔公司，如果煙囱不能清理，只能拆掉重建了。廠長琢磨著：「這個堅固的煙囱除了成了『實心』的以外，沒有遭到任何的損壞，拆掉再建要花不少錢。」他懸賞道：「誰把煙囱通了，預算中的拆除費和重建費的 10% 就歸誰。」

　　後來有個小夥子把這事兒幹成了。他是這樣做的：先申請買了爆竹，然後綁在一起在煙囱裏面燃放，沒等 200 塊錢的爆

竹用完，煙囱裏面的灰就全被震下來了。

煙囱清了，工廠省了錢，小夥子也如願以償地拿到了 3000 塊錢。

思考導向

把問題的機理弄清楚，才能根據事物的特徵，開拓思路，找到解決問題的最為經濟、有效的方法。

解決問題的基礎是知識的積累和熟練的運用，管理者只有具備必要的技術和能力，熟悉問題的癥結所在，找到方法、做到創新，才能最有效地解決疑難問題。

21 紙牌

 遊戲目的：

體會溝通在競爭中的作用。

紙牌遊戲考察的是相互間存在競爭的團隊成員能否做到及時有效溝通。在這個遊戲過程中，團隊成員只有進行有效的溝通，才能共同贏錢，而缺乏溝通或進行無效溝通，則只能都輸錢。在工作中也是如此，只有在溝通的基礎上互惠互利，才能實現共贏。

 遊戲人數：全體參與

遊戲時間： 30～50 分鐘

遊戲場地： 室內

遊戲材料： 標有 X、Y 的紙牌

遊戲步驟：

1.每 4 人一組，每人手裏拿著標有 X、Y 標記的紙牌各一張。

2.進行 10 局選擇。每人出 X 或 Y，根據如下記分規則進行記分並將此規則列印出來發給學員：

4X 每人輸 1 元	1Y 每人輸 3 元
3X 每人輸 1 元	2Y 每人輸 2 元
2X 每人輸 2 元	3Y 每人輸 1 元
1X 每人贏 1 元	4Y 每人贏 1 元

3.分別於遊戲的第 3 次和第 6 次開始前有 30 秒時間進行溝通，其餘的過程當中不允許說話。

4.培訓人員在遊戲結束之後分析學員的遊戲過程，講解類似前文《囚犯的困境》遊戲。

培訓人員的紙牌遊戲記分規則如下：

記分卡

回合	你的選擇	群體的選擇	支付	備註
1	X Y	X Y		
2	X Y	X Y		
3	X Y	X Y		
4	X Y	X Y		
5	X Y	X Y		獎金支付×3倍
6	X Y	X Y		
7	X Y	X Y		
8	X Y	X Y		獎金支付×3倍
9	X Y	X Y		
10	X Y	X Y		獎金支付×3倍

遊戲討論：

1. 在遊戲一開始大家是否處於亂出牌的境況？

2. 溝通之後開始的遊戲裏大家是否已經達成了統一，開始向對所有人都有利的方向前進？

同競爭對手進行必要的溝通、合作是贏得遊戲關鍵。

最後一局准許同對手協商一次。

培訓師講故事

◎不要只想發財

一群士兵接到上級的懸賞令：捉住一個遊擊隊員，可得黃金 100 兩。

有兩個士兵開始在沙漠裏搜尋遊擊隊，只要抓住幾個，他們的下半輩子就不用發愁了。可是幾天搜索下來，連遊擊隊的蹤影都沒發現。兩個人靠著樹，精疲力竭地進入了夢鄉。

在睡夢中，一個士兵聽到了叫嚷聲，等他完全醒來，發現他們被一百多個持槍的遊擊隊員包圍了。

這位士兵揉揉眼睛，急忙推醒他的同伴說：「快起來，我們要發大財了！」

思考導向

孤立地看待事物，管理者很可能會把事物看成是簡單個體的數量組合，進而無法從整體上對事物進行認知，更無法發現事物中隱含的問題。

培訓師講故事

◎得意忘形必招禍

清雍正年間的大將年羹堯在鎮守西安之時，廣求天下之士，厚養幕中。有一位叫蔣衡的孝廉應聘前往。年羹堯甚愛其才，對他說：「下科狀元一定是你的。」

年羹堯說話口氣如此之大，正是依仗他自己的功勞以及與皇帝的特殊關係。蔣衡見他威福自用、驕奢之極，就對一個同僚說：「年羹堯德不勝威，而當今萬歲英明神武，他大禍必至，我們不可久居此處。」他的同僚不以為然。年羹堯的權勢正如日中天，多少人巴不得投奔到他的門下呢。

蔣衡不顧同僚勸阻，執意稱病回家。年羹堯挽留不住，取1000 兩黃金相贈，蔣衡堅辭不受，最後在年羹堯的堅持下，只接受了 100 兩。蔣衡回到家不久，年羹堯果然就出事了，牽連了不少人。而年羹堯一向奢華，送禮不到 500 兩黃金的從來不登記，蔣衡因故只接受百兩之贈，從而確保自己平安無事。

思考導向

在識別問題的道路上，只有眼光敏銳者才可能走得更遠。

識別出問題，管理者就應立即採取應對的行動，任何猶豫和拖延都將貽害無窮。

22 心心相印

遊戲目的：

　　心心相印遊戲考察的是團隊成員之間的合作精神、溝通能力以及嚴格遵守遊戲規則的自製能力。它看似簡單，但很多團隊成員可能會由於與夥伴配合不密切而導致重新開始遊戲，或者是出於成功心切而用手去撿球。不過，只要兩個人的小團隊協調一致，完成這個遊戲並不難。

　　1. 讓參與者對「合作精神」有一個實實在在的體驗。

　　2. 增加團隊成員之間的配合默契度。

　　3. 培養團隊成員的責任感。

遊戲人數：60 人，2 人一個小組，10 人一隊

遊戲時間：10 分鐘

遊戲場地：不限

遊戲材料：圓球若干

遊戲步驟：

　　1. 每組 2 人，用背夾住一個圓球，然後步調一致地往前走，透過障礙物到達終點後再回到起點。

2.回到起點的 2 個人將自己背夾的球交給下一組的 2 人，但不能用手，同樣重覆上一組的內容。

3.在所有參與活動的小組中，球都不許落地，落地則需要回到起點重新開始。並且，在活動過程中，每組成員都不准用手，遊戲第一組 2 人夾球時除外。

4.其他沒有參與的團隊成員可以給他們加油鼓勁兒。

5.最先完成的隊勝出，可以給最後完成的隊一些懲罰。例如，可以讓他們抱著氣球，然後紮破。

注意：

1.比賽過程中，如果球落地，則需要整個隊重新開始。

2.在遊戲過程中，不能用手或胳膊碰球，如有違反則視為犯規，對於犯規者，可以在比賽成績上加 5 秒鐘的時間。每碰球一次記犯規一次，每犯規一次比賽成績加 2 秒。

3.進行圓球的接力時，雙方必須在規定的區域內，且四個人的手和胳膊均不能接觸到球。

遊戲討論：

1.這個遊戲最難的地方在那裏，是在夾著圓球走的時候，還是在向另一組傳氣球的時候？

2.當因為個別小組的原因而導致整個隊重新開始時，小組是否有歉疚感，是否團結一致抵抗壓力？

在這個遊戲中，隊友之間的默契度非常重要。在以團隊成功為衡量標準的遊戲規則面前，個人只有將自己的能力融於集體之中，才能為集體目標的實現貢獻力量。另外，從這個遊戲中也能體現出團隊成員的責任感，那就是儘量做到最好，避免頻繁地拖累整個團

隊的進度。

遊戲結束後可以引導大家合唱一首《團結就是力量》。

培 訓 師 講 故 事

◎識別問題，明察秋毫不被騙

吏部衙門的書吏，官職不大，也沒什麼實權，朝廷裏的官員自然沒人巴結他們。但他們負責傳送公文，也是不可小瞧的。他們在京城的開支很大，又沒人給他們送禮，於是他們就想辦法在公文上作文章，矇騙上司，向京城外的地方官員下手，向他們勒索。

雍正六年(1728 年)，張廷玉被任命為吏部尚書，他剛上任，就發生了此類事。一日，他正在吏部正堂處理公事，一位曹司呈上一件公文說：「這件公文把『元氏縣』誤寫成『先民縣』了，應當駁回原省。」

張廷玉接過來詳細地看了一會，嚴肅地說：「這分明是吏部的書吏在原文上添了筆劃，故意搗鬼。要查出來是誰做了手腳。」

曹司下去一查，果然是一個書吏添了筆劃。他們塗改公文，欺騙上司，就可以用「駁回原省」的處理結果來要脅地方官員，從而敲詐他們。以前有好幾任尚書都被他們矇騙了。這些書吏們往往串通一氣，所以這些事一直不易察覺。

張廷玉嚴厲處分了那個書吏。

事後，有人問張廷玉他是怎樣識破書吏的伎倆的，張廷玉說：「如把『先民』寫成『元氏』，那是外省官員的失誤；現在

把『元氏』寫成『先民』，顯然這是添筆劃。四字既不同音，又不同形，一般不會發生筆誤，因此一看便知。」

眾人無不欽佩。自此以後，吏部辦事作風大為好轉。

思考導向

遇到問題，管理者不可盲目下結論，而應認真分析，找出問題的癥結所在。

識別問題，需要管理者有敏銳的判斷力。而敏銳的判斷力則以管理者豐富的知識和經驗作為支撐。

培訓師講故事

◎錯在你

有一天，拿破崙・希爾站在一家商店內出售手套的櫃檯前，跟這家商店的一名年輕員工聊天。年輕人抱怨說，他在這裏已經服務 4 年了，但他的服務並未受到店方的賞識，因為這裏的管理者缺乏知人之明，所以，他目前正在尋找其他工作，準備跳槽。

談話過程中，有位顧客走到年輕人面前，要求看一些帽子。

年輕人對這位顧客的要求置之不理，繼續和希爾談話。雖然這位顧客已經表現出不耐煩的神情，但他還是不理。最後，他把話說完了，才轉身向那位顧客說：「這兒不是帽子專櫃。」

那位顧客又問：「帽子專櫃在什麼地方？」

年輕人回答說：「你去問那邊的管理員好了，他會告訴你怎樣找到帽子專櫃。」

在接下來的談話中，希爾坦率地對這位年輕人說：「你得不到店方重視，主要是你自己的原因。4 年多來，你一直處於一個很好的環境中，但你卻不知道。你本來可以和你所服務過的每個人結成好朋友，而這些人可以使你成為這家商店裏最有價值的人。因為這些人都會成為你的老顧客，會不斷地來買你的貨物。但是，你對顧客太過冷淡，就把好機會一個又一個地放過了。」

思考導向

出了問題，不要總是眼睛盯著他人，有時也需要從自己身上尋找原因。

找不到問題之根本的人，容易亂下結論或盲目行動，這是不負責任的表現。

培訓師講故事

◎盛田昭夫很震驚

有一天晚上，新力董事長盛田昭夫按照慣例走進職工餐廳與職工一起就餐、聊天。他多年來一直保持著這個習慣，為了培養員工的合作意識和與他們的良好關係。這天，盛田昭夫忽然發現一位年輕職工似乎滿腹心事，只顧悶頭吃飯，誰也不理。

於是，盛田昭夫就主動坐在這名員工對面，與他攀談。

幾杯酒下肚之後，這個員工終於開口了：「我畢業於東京大學，有一份待遇十分優厚的工作。進入新力之前，對新力公司崇拜得發狂。當時，我認為我進入新力，是我一生的最佳選擇。但是，現在才發現，我不是在為新力工作，而是在為科長幹活。坦率地說，我這位科長是個無能之輩，更可悲的是，我所有的行動與建議都必須得到科長的批准。我自己的一些小發明與改進，科長不僅不支持，不解釋，還挖苦我賴蛤蟆想吃天鵝肉，有野心。對我來說，這名科長就是新力。我十分洩氣，心灰意冷。這就是新力？這就是我的新力？我居然要放棄原來那份優厚的工作來到這種地方！」

這番話令盛田昭夫十分震驚，他想，類似的問題在公司內部員工中恐怕不少，管理者應該關心他們的苦惱，瞭解他們的處境，不能堵塞他們的上進之路，於是產生了改革人事管理制度的想法。

之後，新力公司開始每週出版一次內部小報，刊登公司各部門的「求人廣告」，員工可以自由而秘密地前去應聘，他們的上司無權阻止。另外，新力原則上每隔兩年就讓員工調換一次工作，特別是對於那些精力旺盛、幹勁十足的人才，不是讓他們被動地等待工作，而是主動地給他們施展才能的機會。

在新力公司實行內部招聘制度以後，有能力的人才大多能找到自己較中意的崗位，而且人力資源部門也可以發現那些「流出」人才的上司所存在的問題。

思考導向

管理者應知道，下屬無法發揮才能就會在內心儲蓄不滿和失望的情緒，下屬看不到發展進步的希望就會失去動力和迷失方向。

管理者保持和下屬經常性的溝通，積極傾聽下屬的意見和心聲，有利於及時發現組織中存在的問題，從而獲得進行管理創新的動力和目標。

培訓師講故事

◎巧用光線

二戰期間，有一天夜晚，四下漆黑，蘇軍準備趁黑夜向德軍發起進攻。可是那天晚上天上偏偏有星星，大部隊出擊很難做到高度隱蔽而不被對方察覺。

蘇軍元帥朱可夫對此思索了很久，突然想到一個主意，立即發出指示：將全軍所有的大探照燈都集中起來。在向德軍發起進攻時，蘇軍的 140 台大探照燈同時射向德軍陣地。

極強的亮光把隱蔽在防禦工事裏的德軍將士照得睜不開眼，什麼也看不見，只能挨打而無法還擊。蘇軍很快就突破了德軍防線。

思考導向

在解決問題的道路上，有時管理者「南轅北轍」反而能更快地到達終點。

管理者應認清解決問題所要達到的目的，只要這種目的能夠實現，那麼實現這種目的的方式就不必固定。

23 捆綁行動

遊戲目的：

這個遊戲考驗的是團隊成員在遇到困難時，能否做到團結協作、齊心協力。遊戲的任務看似很容易完成，但由於遊戲參與者要將手臂捆綁起來，這就加大了遊戲的難度。不過，只要團隊成員懂得協作和共用，這個遊戲就不難。

透過大家共同完成一件任務，體驗協作在人與人之間的重要性。

遊戲人數：全體參與

遊戲時間：2個小時

遊戲場地：戶外

遊戲材料： 繩子或其他可以用於捆綁的東西

遊戲步驟：

1. 分組，不限幾組，但每組最好兩人以上。

2. 每一組組員圍成一個圓圈，面對對方。培訓人員幫忙把每個人的手臂與隔壁的人綁在一起。

3. 綁好後，現在每一組的組員都是綁在一起的，培訓人員提供些任務讓每組去完成。

例如：吃午餐；包禮物；完成美術作品；幫其他組員倒水。

遊戲討論：

1. 在遊戲一開始時，被綁住的兩人是否感覺很不協調？做任務時動作是否南轅北轍？

2. 捆綁行動習慣後，效率是否高了許多？兩人之間的配合是否默契了許多？

團隊成員動作一致是破解捆綁行動的重要法寶。

可以換成雙人單腳捆綁行走，設置一個終點，限定時間，最先到達的小組勝利。

培訓師講故事

◎發現他們的帳篷太新了

1797 年 1 月 16 日，奧軍將領霍亨措列恩奉命奪取法軍佔領

的聖若爾日要塞。他發現自己的騎兵與法軍騎兵的服裝相似，便打算利用這一點出奇不意地奔襲聖若爾日要塞。

於是，奧軍穿著法軍的服裝去襲擊聖若爾日。當這支來襲的騎兵離城堡不遠時，被兩個在門外打柴的法軍士兵發現了。他們剛開始以為是自己的援軍，可經過仔細觀察後，發現有問題：這支騎兵的白斗篷太新了，而自己的騎兵由於長期征戰，白斗篷大都又髒又舊。因此，他們斷定這是化裝前來偷襲的敵人，便飛速跑回城堡，及時發出警報。

等奧軍飛馬趕到時，法軍以猛烈的炮火打退了這支偷襲的軍隊。

思考導向

看似微不足道的細節，有時卻會成為決定事情成敗的關鍵。因此，管理者不可輕視細節的力量。

大問題有時是通過小細節反映出來的。管理者要想識別問題，就不能放棄對細節的重視。

培訓師講故事

◎預測天氣可用鹽

一位老族長帶領村民日夜兼程，要把鹽運送到某地換成大麥過冬。

有一天晚上，他們露宿於荒野。老族長依然用祖先所傳下

來的方法，取出 3 塊鹽投入營火，以佔卜山間天氣的變化。大家都在等待老族長的「天氣預報」：若聽到火中鹽塊發出「劈裏啪啦」的聲響，那就是好天氣的預兆；若是毫無聲息，那就象徵著天氣即將變壞，風雨隨時會來臨。

老族長神情嚴肅，因為鹽塊在火中毫無聲息。他認為天氣即將變壞，主張天亮後馬上趕路。但族中有一位年輕人認為「以鹽窺天」是迷信，反對匆忙啟程。

第二天下午，果然天氣驟變，風雪交加。堅持晚走的年輕人這才領悟到老族長的睿智。

其實，從科學角度來解釋，老族長也是對的，鹽塊在火中是否發出聲音，與空氣中的濕度相關。換句話說，當風雨欲來，空氣濕度高，鹽塊受潮，投入火中自然毫無聲息。

年輕人往往看不起老人的經驗，片面地認為它們都是過時的、無用的。其實，一些理念如同海鹽，它再老，仍然是一種結晶，並且有海的記憶。

思考導向

對於存在的事物，管理者不應追求其表現形式是否合理，而應透過其表像研究其存在的理由。

對於他人長期積累的經驗，管理者不要輕易作出判斷，而應當加以研究，把經驗中不合理的部分予以剔除，合理的部分則加以吸收利用。

培訓師講故事

◎敞開辦公室好溝通

美國某公司創造了一種獨特的「週遊式管理辦法」，鼓勵部門負責人深入基層，直接接觸廣大職工。

為此目的，該公司的辦公室佈局採用美國少見的「敞開式大房間」，即全體人員都在一間敞廳中辦公，各部門之間只有矮屏分隔，除少量會議室、會客室外，都不設單獨的辦公室，同時各不稱其頭銜，即使對董事長也直呼其名。這樣有利於各級溝通，創造出無拘束的和合作的氣氛。

思考導向

管理者需要認識到，單打獨鬥、閉門造車的工作方式已經越來越不符合市場發展的要求，因此，管理者應不斷採取新措施打破組織內部的隔閡，努力發展團隊協作的工作方式。

對管理者而言，營造一個輕鬆愉悅、和諧融洽的工作環境非常重要；因此，管理者應在管理架構、辦公環境的設計與佈置上不斷進行創造性的革新。

24 計劃管理能力自測題

在企業中，計劃管理能力是指管理者確定未來目標以及為實現目標而採取的執行方式和方法的能力。請通過下列問題對自己的該項能力進行差距測評。

1. 你通常以怎樣的方式做事？

A. 制訂計劃並按計劃行事

B. 依據事情到來的順序

C. 想起一件就做一件

2. 在制訂計劃前你通常首先做的工作是什麼？

A. 確定目標　　B. 認清現在　　C. 研究過去

3. 你的計劃會詳盡到什麼程度？

A. 每日　　B. 每週　　C. 每月

4. 你如何制訂計劃？

A. 儘量把計劃量化

B. 制訂出主要計劃的輔助計劃

C. 只制訂主要計劃

5. 當計劃的任務在執行過程中遇到困難時，你通常會如何做？

A. 想方設法提高執行效率

B. 對計劃做一定程度的修改

C. 制訂新的計劃

6. 面對變化較快的未來環境時，你是否會堅持制訂的計劃？

A. 通常會　　B. 有時會　　C. 偶爾會

7. 你通常如何確保制訂的計劃能夠盡善盡美？

A. 遵循科學的計劃安排行為步驟

B. 邊實施邊修改

C. 多徵詢他人的意見

8. 作為管理者，當你發現下屬偏離了既定計劃時，你該如何辦？

A. 立即校正，保證計劃被嚴格執行

B. 重申並明晰既定計劃

C. 視偏差程度而定

9. 計劃制訂後，你是否能夠嚴格按照計劃行事？

A. 通常能　　B. 有時能　　C. 偶爾能

10. 你制訂的計劃通常能達到何種效果？

A. 能夠有效實現預期目標

B. 行動不再盲目

C. 效果不明顯

選 A 得 3 分，選 B 得 2 分，選 C 得 1 分

24 分以上，說明你的計劃管理能力很強，請繼續保持和提升。

15～24 分，說明你的計劃管理能力一般，請努力提升。

15 分以下，說明你的計劃管理能力很差，急需提升。

```
培訓師講故事
```

◎如何解決

　　一個城市裏的有錢人，到鄉下收田租，到了佃農的穀倉，有錢人東看看，西看看，不知何時把心愛的懷錶弄丟了。有錢人心急如焚，佃農也不知如何是好，只好把村裏所有的人都找來尋找懷錶。翻遍穀倉，但是懷錶依然不見蹤影。

　　天色漸漸晚了，有錢人非常失望，村裏的人也一個個回家去了，但是有個人留了下來，「我有把握找到你心愛的懷錶。」他告訴有錢人，並信心十足。

　　「好吧！那就麻煩你，找到了，我會獎賞你的。」

　　只見這個人走進穀倉，找定位置後，靜靜地坐了下來。一切都安靜了，悄然無聲，但是有個小小的聲音從穀倉的右後方的角落裏傳來。

　　「滴答，滴答，滴答……」

　　這人輕輕地像貓一樣，踏著幾乎無聲的腳步，循聲走向右後方角落。到了聲音的附近，他伏身下來，耳朵貼地，在一堆稻草中找到了懷錶。

```
思考導向
```

　　對特定的任務不加以分析，盲目執行或依例而行，通常是沒有效力的；執行任務不在於人的多少，而在於是否能夠找到有效的方法。

　　要想找到針對特定問題的方法，首先必須明確該問題的特

殊性質，把這種性質作為解決問題的突破口。

培訓師講故事

◎打開窗戶是關鍵

有兄弟二人，由於臥室的窗戶整天都是密閉著，屋內顯得很陰暗，他們看見外面燦爛的陽光，覺得十分羨慕。兄弟倆商量著說：「我們可以一起把外面的陽光掃進來。」於是，兄弟倆拿著掃帚和畚箕，到陽臺上掃陽光。

等他們把畚箕搬到房間裏的時候，畚箕裏的陽光沒有了。這樣一而再、再而三地掃了許多次，屋內還是一點陽光都沒有。

正在廚房忙碌的媽媽看見他們奇怪的舉動，問道：「你們在做什麼？」

他們說：「房間太暗了，我們要掃點陽光進來。」

媽媽笑道：「只要把窗戶打開，陽光自然會進來，何必去掃呢？」

思考導向

不同事物出現的問題不同，問題解決的辦法也不盡相同。管理者認識到事物的特徵，才能夠針對事物的特點，找到正確的解決辦法。

管理者應該不斷地學習，充分掌握工作所需要的知識和技能，不斷地提高自己解決問題的能力。

◎美孚如何得保全

　　美國國會通過限制經濟壟斷的反托拉斯法後，許多大企業都被解散。當時在美國數一數二的大企業洛克菲勒財團下屬的美孚石油公司，在壓力之下頑強經營了 20 年後，也被美國國會提起訴訟。

　　正當洛克菲勒進退維谷，準備聽從國會發落時，美孚石油公司聘用的法律事務所裏一個叫杜勒斯的青年律師拜見了洛克菲勒。

　　杜勒斯對洛克菲勒說：「反托拉斯法不過是限制大公司，我們讓各分公司獨立經營不就可以了嗎？我們把各州的石油公司分別改成子公司，這些公司分別都有一個名義老闆，但實際上還是由您掌控。這樣一來，美國美孚石油公司雖然名義上已經不存在了，但實際上仍然存在。我認為，現在只有採取這種丟名保實的辦法才能渡過難關。」

　　洛克菲勒邊聽邊連連稱讚：「OK！OK！後生可畏，後生可畏！」

　　洛克菲勒主意一定，立即行動，他馬上召集董事會，讓各分公司進行「獨立」。不到一週的時間，龐大的美國美孚石油公司便不復存在，取而代之的是如雨後春筍般冒出的各州美孚石油公司。這樣一來，參議院也無話可說，再也不提起訴的事了。

 **思考導向**

　　有些問題的解決必然需要付出一些代價，如果由於害怕付出代價而延緩了問題的解決，那麼可能會面臨更大的損失。

　　當企業必須做出部分犧牲時，一定要把握住利弊關係，不要被表面問題所迷惑，而要積極爭取主動，犧牲表面的東西，保存實質的利益。

25 大家掉進蜘蛛網

🄸 遊戲目的：

　　蜘蛛網遊戲考察的是團隊成員解決問題的綜合能力，包括策劃能力、自製能力、溝通能力、團隊協作能力、靈活應變的能力，等等。這個遊戲有一定的難度，能夠增強團隊成員的綜合素質。讓學員們體會做計劃的重要性及團隊合作的精神。

🄢 遊戲人數：全體學員，13 人一組為最佳

🄔 遊戲時間：15～20 分鐘

✈ 遊戲場地：空地

遊戲材料：用繩子編成的蜘蛛網一張及說明書一份

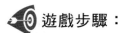 **遊戲步驟：**

1. 培訓人員先找一位小組領導及一位觀察員，單獨向領導交代任務並給他一份說明書，說明書上寫明全體人員必須從網的一邊透過網孔到達網的另一邊——在整個過程中，身體的任何部位都不得觸網，每個洞只能被過一次，即不能兩人過同一洞。你們的目的是要獲取最好成績。

2. 讓各小組領導回到小組中並傳達培訓人員的指令。爾後遊戲開始。

3. 培訓人員及觀察員開始觀察小組在聽領導分配任務時的反應，以及他們的計劃能力。

4. 觀察員記錄小組在執行任務的過程中都出現了些什麼問題，包括計劃方面、溝通方面。

5. 遊戲結束後進行分享與討論。

遊戲討論：

1. 你對計劃的重要性有什麼認識，你認為這次活動的計劃做得怎樣？

2. 該遊戲最難的地方是那裏，怎樣改進？

3. 在活動過程中，你感覺團隊的合作精神怎樣，是否有信任感？

這個遊戲考查小組的默契程度及合作精神，能充分結合每個人寶貴的意見並融合在一起。「三個臭皮囊頂個諸葛亮，」只要大家齊心協力，必定會想出一個最佳的方案。

給兩個隊安排一個任務,看那個隊的方案更可行、週到,根據他們在表述過程中考慮得是否全面、表現如何來加分(有 3 分、5 分、8 分等可供選擇),最後分出勝負。

培訓師講故事

◎第一家店有缺陷

有一個人想在服裝市場開一個服裝精品屋。他準備租下市場最東面的 3 間房做門面,他想,顧客大多從東方來,首先到的就是他的門店,那樣自己豈不是佔盡了服裝市場的地利優勢?

他的朋友知道了他的計劃,大搖其頭,說:「一個市場的領頭店,其實所佔的地段並不是特別好。」

這個人一下子迷惑了,一個市場的「頭家」門店,怎麼能說沒有佔到地利的優勢呢?

他的朋友繼續說:「你每次到市場上買東西,是不是見了就買呢?」

他說:「當然不是這樣!至少要貨比三家,走一走,看一看,挑一挑吧。」

朋友微微一笑說:「正是這樣啊!大多數人買東西都要有個比較,不會一見到貨就立刻掏錢買下的。你的門店在市場的『頭家』,顧客一進市場就迎頭走進你的門店,但他們不會立刻就購買,至少會和你一樣到別的店看一看,然後才會決定在那裏購買。有多少人會見了就買呢?想依靠『頭家』店招攬更多的生

意，你認為這有可能嗎？」

思考導向

對於他人的行為，管理者如果只憑藉自己的主觀願望進行猜想，將會偏離實際，從而導致判斷錯誤。管理者只有對事物有深入的認識和研究，才能發現事物中隱藏的問題；若對事物缺乏瞭解，管理者只能看到事物最淺層的表像。

培訓師講故事

◎事情不可看表面

兩個旅行中的天使到一個富有的家庭借宿。這家人對他們並不友好，並且拒絕讓他們在舒適的客人臥室過夜，而是在冰冷的地下室給他們找了一個角落。當他們鋪床時，較老的天使發現牆上有一個洞，就順手把它修補好了。年輕的天使問為什麼，老天使答道：「有些事並不像它看上去那樣。」

第二晚，兩人又到了一個非常貧窮的農家借宿。主人夫婦對他們非常熱情，把僅有的一點食物拿出來款待客人，然後又讓出自己的床鋪給兩個天使。第二天一早，兩個天使發現農夫和他的妻子在哭泣，他們唯一的生活來源——一頭奶牛死了。

年輕的天使非常憤怒，他質問老天使為什麼會這樣：第一個家庭什麼都有，老天使還幫助他們修補牆洞；第二個家庭儘管如此貧窮還是熱情款待客人，而老天使卻沒阻止奶牛的死亡。

「有些事並不像它看上去那樣。」老天使答道,「當我們在地下室過夜時,我從牆洞看到牆裏面堆滿了金塊。因為這家主人被貪欲所迷惑,不願意分享他的財富,所以我把牆洞填上了。昨天晚上,死亡之神來召喚農夫的妻子,我讓奶牛代替了她。所以有些事並不像它表面那回事。」

 **思考導向**

產生疑惑時,管理者應首先弄清事情的真相。在真相不明的情況下,不要過早做出判斷。

有時,看似「毫無爭議」的事實,背後卻隱藏著完全相反的另一面。因此,面對「已成定局」的事情時,管理者更需要細心、嚴謹。

培訓師講故事

◎神秘顧客督流程

某網上論壇曾貼出一個「招聘兼職神秘顧客,吃飯報銷,另有報酬」的帖子,引來眾多網友的關注。

發帖者為某管理諮詢公司。該公司稱,他們受某速食企業委託,聘請兼職人員隨機到該企業各門店內購買速食,在門店員工不知情的情況下,監督他們的服務流程;同時,為其提高一線營運能力提供最為真實、及時的現場監察結果,並提供諮詢及改善建議。

而他們的僱主——某速食企業也聲稱，企業正在接受監察式管理諮詢和培訓服務，這個項目旨在幫助門店員工更加積極、努力地為顧客服務。據市場回饋結果，「神秘顧客」監察項目的開展對於員工的工作的確起到了監督和促進作用。

思考導向

管理者要想持續提高下屬的工作效率和品質，必須不斷更新監督管理措施。

企業是否能夠獲得客戶認同，關鍵在於產品和服務的品質；管理者可以根據產品銷售和客戶服務的流程和特點，找到提高產品品質和服務品質的有效措施。

26 如何贏得客戶

遊戲目的：

贏得客戶遊戲考察的是團隊成員「贏得客戶」的能力，遊戲中的「客戶」和現實中的客戶一樣，都需要我們用心對待，並且，與團隊協作才能更好地贏得客戶的青睞。這個遊戲看似簡單，將遊戲道具與「客戶」的結合使完成任務頗具挑戰性。

1.讓學員體會團隊共同完成任務時的合作精神。

2.讓學員體會團隊是如何選擇計劃方案以及如何發揮所有人的長處的。

3. 讓學員感受團隊的創造力。

⑤ 遊戲人數：人數不限

⑥ 遊戲時間：培訓人員可自行確定

✈ 遊戲場地：室內外均可

⊙ 遊戲材料：小絨毛玩具、乒乓球、小塑膠方塊各 1 個，將以上材料裝在一隻不透明包裏

◎ 遊戲步驟：

1. 將學員分成幾個小組，每組不少於 8 人，以 10～12 人為最佳。

2. 培訓人員讓學員站成一個大圓圈，選其中的一個學員作為起點。

3. 培訓人員說明：我們每個小組是一個公司，現在我們公司來一位「客戶」（即絨毛玩具、乒乓球等）。它要在我們公司的各個部門都看一看，我們大家一定要接待好這個客戶，不能讓客戶掉到地下，一旦掉到地下，客戶就會很生氣，同時遊戲結束。

4. 「客戶」巡迴規則如下：

A. 「客戶」必須經過每個團隊成員的手遊戲才算完成。

B. 每個團隊成員不能將「客戶」傳到相鄰的學員手中。

C. 培訓人員將「客戶」交給第一位學員，同時開始計時。

D. 最後拿到「客戶」的學員將「客戶」拿給培訓人員，遊戲計時結束。

E. 3 個或 3 個以上學員不能同時接觸客戶。

F. 學員的目標是求速度最快化。

5. 培訓人員用一個「客戶」讓學員做一次練習，熟悉遊戲規則。真正開始後，培訓人員會依次將 3 個「客戶」從包中拿出來遞給第一位學員，所有「客戶」都被傳回培訓人員手中時遊戲結束。

6. 此遊戲可根據需要進行 3 至 4 次，每一次開始前讓小組自行決定用多少時間。培訓人員只需問「是否可以更快」即可。

遊戲討論：

1. 剛才的活動中，那些方面你們對自己感到滿意？

2. 剛才的活動中，那些方面覺得需要改進？

3. 這活動讓你們有什麼體會？

4. 要想贏得客戶，企業的每個部門都要相互支援和合作。

5. 銷售的成功並不是銷售部門的事情，要取決於全公司的支持。

6. 要想在激烈競爭的環境中贏得客戶，發揮團隊的創造力是非常重要的。

7. 創造力的發現需要嘗試和每個人的支援。

8. 團隊的創造力決定團隊的品質和前景。

對客戶關懷備至，使客戶感受到自己受人重視，同時懂得與團隊成員相互配合，彌補不足，成員以統一的精神面貌面對客戶，才會贏得客戶的青睞。

遊戲中的道具可以換成人，選定三個或以上客戶。練習學員們面對客戶的時候能否做到以客戶為本，真誠、週到地為客戶提供服務。

培訓師講故事

◎不該亂聽外行言

名醫扁鵲覲見秦武王，武王把自己的病情告訴了扁鵲，扁鵲便答應給他治病。

但是，武王左右的人卻說：「大王，你的病在耳朵前面、眼睛的下面，要醫治它未必能斷根，卻反而會把耳朵弄聾、眼睛弄瞎。」武王就把這些話告訴了扁鵲。

扁鵲聽了十分惱怒，立刻把石針也扔掉了，並對秦武王說：「大王，你與懂醫道的人商量好了的事，卻又給不懂醫道的人破壞了。假使你這樣去管理秦國的話，那麼很快就要亡國了！」

思考導向

兼聽則明，但管理者應知道：「兼聽」的對象是對事情熟知的各方專業人士，而不是對事情一無所知者。

不同的事物也可能會在道理上有相通之處，管理者應努力探索這種相通之處，從而提高自身識別問題的能力。

培訓師講故事

◎這項制度很可行

日本某公司曾經實行了一項名為「事業風險投資與挑戰者綱領計劃」的制度，效果不錯。

按照該制度規定，如果公司員工的風險投資計劃被採納，公司將給予他必要的資金支持、人才支援或其他各項支援，如果他願意，公司也可與之合資創建新公司。

考慮到創業者的艱辛，公司還對其採取了兩項保護性措施：自創業者註冊新公司起的三年內，他將繼續領取工資；三年內，如果他的事業經營失敗，公司的大門仍為他敞開，他仍可返回原公司工作。

思考導向

為下屬設計發揮才能的舞臺，是管理者創新管理方式的重要領域。

企業應該認識到，員工的發展就是企業的發展，給員工注入進步的力量就是為企業種下贏得未來的種子。

培訓師講故事

◎對付騾子的經驗

　　古時候，人們都利用腳力極佳的騾子來馱運笨重的貨物。騾子的體力雖然很好，但也有著要命的缺點——就是傳說中的騾子脾氣。

　　一頭騾子若是拗了性子，它的四隻腳便會像釘了釘子一樣，固定在地面，一動也不動；無論主人怎樣使勁鞭打，騾子還是堅持它固執的脾氣，一步也不肯向前走。

　　這天，一位老和尚和他的小徒弟就遇到了這樣的情況。小和尚面對不肯邁步的騾子，高高地舉起了鞭子。

　　老和尚趕忙制止了他：「慢！慢！每當騾子鬧脾氣時，有經驗的主人不會拿鞭子打它，那樣只會讓情況更加嚴重。」

　　小和尚忙問：「那該怎麼辦呢？」

　　老和尚說：「你可以從地上抓起一把泥土，塞進騾子的嘴巴裏。」

　　小和尚好奇地問：「騾子吃了泥土，就會乖乖地繼續往前走了？」

　　老和尚搖頭道：「不是這樣的，騾子會很快地把滿嘴的泥沙吐個乾淨，然後，在主人的驅趕下，才會往前走。」

　　小和尚詫異地說：「怎麼會這樣？」

　　老和尚微笑著解釋道：「道理很簡單。騾子忙著處理口中的泥土，便會忘了自己剛剛生氣的原因。這種塞泥土的做法，只不過是轉移它的注意力罷了！這個方法用在騾子身上有效，同

樣也適用於人發脾氣的時候。」

 **思考導向**

　　面對充滿不滿情緒的下屬，管理者既不能靠壓制讓其服從，也不能採取放任自流的態度，正確的做法是採取轉移注意力的方法適當地疏導下屬的情緒。

　　有時，解決問題的有效方法不是就事論事，而是採取一些看似不相關的活動，以減小問題所造成的影響。

27 盲人作畫

遊戲目的：

　　盲人作畫遊戲是團隊的溝通交流能力和執行能力。畫一幅簡單的畫看似容易，但作畫者蒙上了眼睛，並由多個小組合作完成，就使畫好一幅畫有了難度。這個遊戲取勝的關鍵是小組中指揮者的表達能力和作畫者的執行能力。同理，在工作中團隊要取勝也是如此。

1. 考察團隊成員之間默契和配合情況。
2. 促進團隊成員之間的交流和溝通。

遊戲人數：分為五隊，2人一小組

遊戲時間：10～15分鐘

🛫 **遊戲場地**：室內

💶 **遊戲材料**：眼罩、黑板、粉筆

✏️ **遊戲步驟**：

1. 將所有參與者分為五個隊，每個隊中再分為 2 人一組的小組，並將其中的一個人的眼睛蒙上。

2. 讓蒙上眼睛的隊員拿著粉筆在黑板前畫畫，沒有蒙上眼睛的隊員在後面指揮，其他參與者在別人畫的時候觀看他們畫畫，畫完的隊員先不要摘下眼罩。

3. 每個隊共同完成一幅畫，每個小組只能畫一筆，畫完後換下一個小組。

4. 五個小組都畫完之後，蒙著眼睛的隊員摘下眼罩，觀看自己的傑作，並在小組中指導方的幫助下尋找自己所畫的那一筆。

5. 讓大家評出畫得最好的隊，給予一定的獎勵。

注意：

1. 負責指揮的隊員發揮著重要的作用，對其溝通能力有很高的要求，所以在指揮者的選擇上要慎重。

2. 選擇的畫不能太難，否則最後很容易成為塗鴉之作。

🔄 **遊戲討論**：

1. 為什麼當隊員蒙上眼睛時畫的畫不如他們期望的那樣好？

2. 為什麼在剛開始畫時畫得還比較好，參與的小組越多卻越偏離畫的本來面目了呢？

3. 在工作場所中，是否有因為每個人的一點謬誤而差之千里的情況呢？

隊員之間的溝通是在本遊戲中取得勝利的關鍵。

可以每個小組都畫一幅畫，並由培訓人員將他們的畫掛到牆上，然後讓畫的作者挑出那幅畫是自己畫的，然後兩個隊員對調。

培訓師講故事

◎小組織更容易執行

美國橡膠公司是一家以研製新產品著稱的企業。它每年可以向市場推出 360 多種新產品，幾乎是每天一種。美國橡膠公司總裁在觀察了市場競爭的態勢之後認為：公司真正強大的競爭對手不是什麼大企業，而是那些機制靈活的小公司。因此，要與競爭對手週旋，必須在公司裏也建立同樣敏捷靈活的小型組織機構。

美國橡膠公司有一萬餘名員工，公司組織了許多小的團隊——新產品小組，給予其靈活決策的權力，使每一個小組成員都能全身心地投入工作。公司把新產品小組派到世界各地，研究分析消費趨勢，有針對性地提出開發新產品的方案，然後利用公司的全部資源，支援最新產品的研製行銷。這樣，公司就能將大小組織的優勢集於一身。

思考導向

在市場競爭中，產品創新是擊敗對手和開闢市場的最好武

器，而管理創新則為產品創新提供了充足的發展動力。

分析並找出競爭對手，是進行管理創新的重要前提，也是企業通過管理創新贏取競爭優勢的關鍵。

培訓師講故事

◎他讓夥伴爭著幹

馬克•吐溫小時候，有一天因為翹課被媽媽罰去刷圍牆。圍牆有 30 米長，比他的頭頂還高。

他把刷子蘸上灰漿，刷了幾下。刷過的部分和沒刷的相比，就像一滴墨水掉在一個球場上。他灰心喪氣地坐了下來。

他的一個夥伴桑迪，提只水桶跑了過來。

「桑迪，你來給我刷牆，我去給你提水。」馬克•吐溫建議。

桑迪有點動搖了。

「還有呢，你要答應的話，我就把我那個腫了的腳趾頭給你看。」

桑迪經不住誘惑了，好奇地看著馬克•吐溫解開腳上包的布。可是，桑迪到底還是提著水桶拼命跑開了——他媽媽在瞧著呢。

馬克•吐溫又一個夥伴羅伯特走了過來，還啃著一隻鬆脆多汁的大蘋果，引得馬克•吐溫直流口水。

突然，馬克•吐溫十分認真地刷起牆來，每刷一下都要打

量一下效果，活像大畫家在修改作品。

「我要去游泳。」羅伯特說，「不過我知道你去不了。你得幹活，是吧？」

「什麼？你說這叫幹活？」馬克‧吐溫叫起來，「要說這叫幹活，那它正合我的胃口，那個小孩能天天刷牆玩呀？」他賣力地刷著，一舉一動都特別快樂。

羅伯特看得入了迷，連蘋果也不覺得那麼有味道了。「嘿，讓我來刷刷看。我把蘋果核兒給你。」羅伯特開始懇求。

「我不能把活兒交給別人。」馬克‧吐溫拒絕了。

「我把這蘋果給你！」

小馬克‧吐溫終於把刷子交給了羅伯特，坐到陰涼裏吃起蘋果來，看著羅伯特為這得來不易的權利努力刷著。

一個又一個男孩子從這裏經過，高高興興想去度週末，但他們個個都想留下來試試刷牆。

馬克‧吐溫為此收到了不少交換物：一隻獨眼的貓，一隻死老鼠，一個石頭子，還有 4 塊橘子皮。

思考導向

人們願意做一件事情，通常是因為事情有意義且做此事的機會來之不易。因此，管理者要吸引他人去做某件事，首先應將此事變得意義非凡和機會難得。

每個人都對新奇事物充滿好奇心，管理者只有激發了客戶的好奇心，才能從真正意義上做到「管理客戶的期望」。

28 行動能力自測題

在企業中，行動能力是指管理者在計劃制訂後或機會到來時快速決策、及時反應的能力。請通過下列問題對自己的該項能力進行差距測評。

1. 你如何理解行動能力？

   A. 制訂計劃馬上去做　　B. 一有想法馬上去做

   C. 行動必須要有週密的計劃

2. 你是否總能實現自己既定的目標？

   A. 總是能夠　　B. 大部分情況下能夠　　C. 很少能夠

3. 你是否具有實現目標的強烈願望？

   A. 是的，一直有　　B. 有時會覺得目標難以實現

   C. 總覺得目標遙不可及

4. 你是否感覺到自己做什麼事情都比別人慢？

   A. 從來沒有這種感覺　　B. 一些時候會感覺到

   C. 總感覺自己慢半拍

5. 你是否能夠把執行中的不利因素轉變為有利因素？

   A. 經常能夠做到　　B. 有時能夠做到　　C. 很少能夠做到

6. 你是否能夠將自己的想法成功轉化為行動？

   A. 總是能夠做到　　B. 大部分情況下可以　　C. 很少能夠做到

7. 你是否能夠對工作集中精力，並長久堅持？

   A. 總是能夠　　B. 能堅持，但有時候會分心

C.有時會半途而廢

8.你制訂的行動方案是否能獲得他人的一致認可？

A.總是能夠　　B.大部分情況下能夠　　C.很少能夠

9.作為管理者，在面對艱難的決策時，你是否能夠迅速地做出判斷片決策？

A.總是能夠　　B.大部分情況下能夠　　C.很少能夠

10.在行動失敗後，你通常會怎樣？

A.失敗再多也不氣餒　　B.下次行動時會心有餘悸

C.內心會籠罩上失敗的陰影

選A得3分，選B得2分，選C得1分

24分以上，說明你的行動能力很強，請繼續保持和提升。

15～24分，說明你的行動能力一般，請努力提升。

15分以下，說明你的行動能力很差，急需提升。

培訓師講故事

◎揭開地毯

有一位經營地毯的商人，對自己地毯店的外觀陳設十分上心，他每天總要在店內四處巡視，看看有沒有什麼不妥帖的地方，如果有就立即改正。

一天，他照例巡視店面，意外地發現自己佈置的地毯中央鼓起一塊，就上前用腳將它弄平，可過了一會兒，別處又隆起一塊，他再次去弄平。

　　然而，似乎有什麼東西專門和他作對，隆起接連在不同的地方出現，他不停地去弄，可總有新的地方隆起。

　　一氣之下，商人乾脆拉開地毯的一角，一條蛇立刻溜了出去。

思考導向

　　只研究問題的表像而不去探求問題的本質，管理者就無法從根本上解決問題。因此，管理者只有打破問題的外殼，才能抓住解決問題的核心。

　　面對問題，管理者首先要做的不是馬上行動，那樣只會頭痛醫頭、腳痛醫腳；管理者首先要做的是分析問題產生的根源，然後才能對症下藥、藥到病除。

培訓師講故事

◎圍攻大樑救邯鄲

　　西元前 353 年，魏國派大將龐涓帶兵去攻打趙國，包圍了趙都邯鄲。情況非常危急，趙國派使者到齊國求援兵。齊國立刻拜田忌為大將，拜孫臏為軍師，發兵救趙國。

　　田忌打仗非常勇敢，但智謀不足，又是個急性子，奉命之後，便想立刻趕到邯鄲去與魏兵廝殺，可孫臏不同意。

　　孫臏說：「如要解開雜亂無章的繩索，一定要冷靜地找到它的結頭，然後慢慢去解，切不可心急地使勁扯，或用拳頭猛捶；

如要排解兩個人的鬥毆，萬不可捲入去打，而要避開雙方拳來腳往的地方，尋找機會用拳猛擊其中一方空虛無備的腹部。待挨揍者雙手捧著肚子跪下，原來對打的形勢，便會有所改觀，而鬥毆的局面，也會頓然而止。現在魏國出兵攻打趙國，魏國的精兵銳卒，一定已傾巢開赴邯鄲，只剩下一些老弱殘兵留守國內。咱們為何不利用這個機會，帶兵直搗魏國都城大樑，佔據他們的交通要道，襲擊他們守備空虛的地方呢？那樣，他們在外的大軍，必然會放下趙國趕回相救。這樣一來，我們豈不是既解決了趙國的危急，又讓魏國嘗到了我們的厲害嗎？」

田忌認為孫臏的話很有道理，便帶兵直搗魏國都城大樑。

齊國的大軍剛到桂陵，孫臏便叫田忌停下來。孫臏說：「當魏軍從邯鄲往回趕的時候，一定要經過桂陵。因此，應該在此設下埋伏，布下陣勢，到時好一舉殲滅魏軍。」

田忌又依孫臏的計謀行事，軍隊很快埋伏了下來。

齊兵要攻打大樑的消息，龐涓很快知道了。他立刻從趙國退兵救大樑。魏軍久圍邯鄲，已經非常疲憊，再加上龐涓救大樑心切，來了個急行軍，魏軍也因此更加疲憊不堪。

魏軍進入了齊兵埋伏的桂陵地帶。只聽一聲號令，齊軍從路的兩側一齊奮勇殺出。突遭襲擊，疲憊不堪的魏軍那裏還抵擋得住？不多時，魏軍大敗，死傷兩萬多人，齊軍大勝而歸。

孫臏、田忌這一仗打得漂亮，既解了邯鄲之圍，又教訓了魏國。

思考導向

管理者一定要認識到，事物之間是相互制約的，看問題不

能就事論事，而要抓住問題的關鍵和要害，避實就虛，聲東擊西，這樣解決問題可能更為見效。

在與競爭對手週旋時可以採用圍魏救趙的策略，或者攻擊對手的薄弱之處牽制它，或者襲擊對手的要害部位威脅它，或者繞到對手背後打擊它，這樣可以使對手不得不放棄原來的目標。

培訓師講故事

◎負重之時最安全

一艘貨輪卸貨後返航，在浩渺的大海上，突然遭遇巨大風暴，老船長果斷下令：「打開所有貨艙，立刻往裏面灌水。」

水手們擔憂：「往船裏灌水是險上加險，這不是自找死路嗎？」

船長鎮定地說：「大家見過根深幹粗的樹被暴風刮倒過嗎？被刮倒的是沒有根基的小樹。」

水手們半信半疑地照著做了。雖然暴風巨浪依舊那麼猛烈，但隨著貨艙裏的水位越來越高，貨輪漸漸地平穩了。

船長告訴那些鬆了一口氣的水手：「一隻空木桶，是很容易被風打翻的，如果裝滿了水，風是吹不倒的。船在負重的時候，最安全；空船時，才是最危險的時候。」

思考導向

　　有時候，看似危險的方法，卻是最好的方法，這就需要管理者憑藉豐富的經驗做出判斷。

　　經驗是實踐的總結，管理者要在工作中通過不斷實踐，總結經驗，並能夠在遇到問題的時候熟練地加以運用。

29 穿越雷區

遊戲目的：

　　穿越雷區遊戲是對團隊協作與分工情況的考察。它看似很難，但只要團隊成員在遊戲過程中開動腦筋，合理分工，做到默契合作，便很容易完成。在工作中也是如此，團隊分工和團隊協作缺一不可。

　　團隊意識到團隊協作與分工的重要性。

遊戲人數：2人一組

遊戲時間：10～15 分鐘

遊戲場地：會議室或空地

遊戲材料：粉筆或長繩

遊戲步驟：

1. 在平地上畫兩條相隔 4 米（邁出四大步）的平行線。

2. 規定學員必須通過兩線之間的距離。

3. 指示學員要通過間隔，每組只能碰地面三次（不是每人三次，而是整個團隊）。團隊怎樣通過或身體的那個部位著地均無限制，只要求他們在兩線之間，總共著地三次。

4. 提醒學員間隔是電子雷區，如果觸地多於三次，就會觸發警報。

5. 能順利到達對面平行線的為獲勝者。

6. 唯一能成功通過的方式如下：

⑴甲將右腳放在雷區，然後左腳邁出另 1 米。

⑵乙則踩到甲的腳上，將他作為「墊腳石」。

⑶乙踩在甲的左腳上邁出，結果一隻腳在雷區而另一隻腳踏上了安全的另一側。

⑷這樣，團隊就可以只觸地三次，在間隔上搭成了橋。

⑸其他的人踩在甲、乙的腳上通過。

⑹最後，甲踩在乙的腳上，走出危險區（見下圖）。

雷區：通過雷區的輕鬆三步

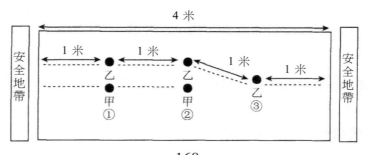

7.可以將活動錄影，在休息時間播放，以增加趣味性。

注意：

在前進過程中學員有可能因為站立不穩而跌倒，培訓人員需提醒學員注意安全。

 遊戲討論：

1.怎樣才能按規定要求順利通過雷區？

2.當遇到困難時，應該以怎樣的心態面對？

3.能夠成功通過雷區，需要成員有冷靜地分析和解決問題的能力。

4.小組成員互相信任，充分協調合作，才能完成任務。

可能被人踩的時候會有點痛，但透過你們兩個的默契合作取得了良好的成績，是不是會覺得這一切的辛苦都是值得的。

在穿越雷區的過程中可以要求乙隊員唱一句完整的歌詞。

培 訓 師 講 故 事

◎鸛鳥預見不夠遠

古代有一個叫子遊的人，在武城當太守。

一次，武城城門外的土墩上住著的鸛鳥忽然把巢窠搬到一個墳墓前的石碑上去了。看守墳墓的老漢就把此事告訴了子遊：「鸛鳥是能夠預知天氣的鳥。它突然把巢搬到高處，說明這一帶要發大水了吧？」

這一情況引起了子遊的重視，於是趕快命令城裏百姓準備

船隻應急。

　　過了幾天，果然天降大雨，洪水暴漲。城門外的小土墩已被淹沒，但雨還是下個不停，大水將要淹沒墓碑，鸛鳥新窩搖搖欲墜，鸛鳥飛來飛去地哀叫，不知在那裏安身。

　　子游目睹此景歎息道：「可悲啊！鸛鳥雖然有預見，但可惜它考慮得不夠長遠。」

思考導向

　　當問題出現時，管理者不能僅僅因為發現了它就慶祝勝利，因為一旦對其難度產生了錯誤估計，同樣會造成巨大的損失。

　　識別出問題以後，管理者應考慮到問題所能帶來的最壞結果，採取的應對措施應能經受住最壞結果的考驗。

培訓師講故事

◎管理模式要變形

　　稻盛和夫與松下幸之助、本田宗一郎、盛田昭夫一起被譽為日本的「經營四聖」。稻盛和夫創辦了著名的京都陶瓷公司。

　　京都陶瓷公司剛創辦不久，就接到了松下電子的顯像管 U 型絕緣體訂單。這筆訂單對京都陶瓷公司具有重大意義。

　　但與松下做生意絕非易事。松下電子雖然看中京都陶瓷產品的品質，給了他們供貨的機會，但給出的價格非常低。很多

人都認為這筆生意無利可圖，不應該做。稻盛和夫卻認為：松下給出的難題，的確很難解決，但是屈服於困難，就是為自己沒有充分挖掘潛力找藉口，只要找到創新的方法，一定能夠解決這一問題。

經過再三摸索，公司創立了一種名叫「變形蟲經營」的管理模式。這種模式將公司分為一個個的「變形蟲」小組，作為最基礎的核算單位，將降低成本的責任落實到每一位員工身上。甚至打包的工人都知道一根打包繩值多少錢，明白浪費一根繩會造成多大的損失。

最終，京都陶瓷公司運營成本大大降低，不但滿足了松下的供貨要求，同時也取得可觀的利潤。

思考導向

企業的競爭優勢來源於企業對市場變化的快速反應，管理方式和方法的創新能使企業迅速應對市場變化，贏得競爭優勢。

培訓師講故事

◎巧用牛皮把地圈

在古代非洲北部、靠近地中海的地方，有一個強大的國家，這就是迦太基。

迦太基的前身是位於地中海的名叫腓尼基的國家。迦太基的創始者是腓尼基國的公主狄多。狄多非常美麗，父母把她看

做掌上明珠。但是，他們違背了她的意思，要把她嫁給一個她並不愛的人，而她另有所愛。為了追求真正的愛情，狄多帶了細軟和一些隨從，離開了故土，逃向遠方。經過輾轉奔波，一行人渡過地中海，來到了富饒的北非。

她決定在此地定居下來，就與當地的酋長談判，向他購買一塊土地。酋長只肯出售一塊公牛皮能夠圍住的土地，狄多答應了。

一張公牛皮能覆蓋多少土地？公主讓人把公牛皮切成一條一條的細繩，再把它們連接起來，連接成了一根很長的繩子。她在海邊用繩子彎成了一個半圓，一邊以海為界，圈出了一塊面積相當大的土地。

狄多公主巧妙地解決了一個極大值的問題。

第一，公牛的牛皮面積是一定的。把牛皮剪成細繩用以圍地，就能圈出比用牛皮覆蓋出的面積多得多的土地。

第二，以海邊為界，就節省了一圈牛皮，使省下的牛皮可以圈出更多的土地。

第三，狄多圈出的形狀是一個半圓，在各種形狀中，在週長一定的情況下，圓有最大的面積。因為依海，剩下了海岸線，因此圈成半圓，其面積是最大的。

酋長見狄多公主圈走了他很大的一片國土，很是心疼。但他是個講信用的人，只能由狄多公主去圈地。

狄多公主在這塊土地上苦心經營，使這裏日益興旺發達。後來，這個地方發展成海上重鎮迦太基。

 **思考導向**

對管理者而言，墨守成規是大腦的牢籠，它會限制管理者在更大的空間和範圍內尋找問題解決的方法。

在解決問題時，管理者應進行發散思維，不拘泥於傳統做法，努力探求更多創造性的問題解決方法。

30 拼圖

遊戲目的：

要懂得利用週圍的資源，學會與別人共用。拼圖這個遊戲規定只能自己把自己的卡片交給別人，而不能從別人手裏去拿，也說明在工作中我們應該懂得付出，而不能只是索取。拼圖遊戲也要求團隊成員之間要互相幫助，而不是只顧完成自己的任務。使學員認識到團隊協作的重要性。

遊戲人數：4～16 人

遊戲時間：30～50 分鐘

遊戲場地：不限

遊戲材料：硬紙卡若干

 遊戲步驟：

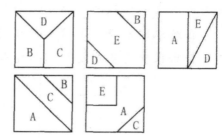

1. 按如圖所示製作 15 張硬紙，將其打亂分拆成 5 份裝入信封。

2. 小組內每人得到一個信封，小組的任務是將信封內的卡片拼裝成相同形狀的正方形。

3. 小組內的每個人將散亂的圖片拼成同樣大小的正方形，最快的小組獲得勝利。

注意：

1. 學員間全過程不許交流。

2. 每人手裏拿到的卡片只許給別人，不能從別人的手裏拿卡片（不能幫助別人拼圖）。

 遊戲討論：

1. 遊戲過程中不允許交流，大家是如何培養默契，給予需要的人卡片？

2. 是否有人自己拼完後就認為 OK 了，就不願將自己的卡片交給別人了？

5 個人拼成同樣大小的拼圖才算完成任務。交換紙片即是交換資源。在統一目標的指引下，資源信息要共用，彼此願意、善於分享，將組織利益置於個人利益之上才是真正的「狀況共有」。只有大家團

結協作，才會以最快的速度完成任務。

　　小組內可以進行交流、討論來完成拼圖，但限定的時間也要視情況減少。

培訓師講故事

◎好心為何卻被貶

　　有一次，韓昭侯因飲酒過量，不知不覺便醉臥在床上，酣睡半晌都不曾清醒。他手下的官吏典冠擔心君王著涼，便找掌管衣物的典衣要了一件衣服，蓋在韓昭候身上。

　　幾個時辰過去了，韓昭侯終於睡醒了。他感到睡得很舒服，不知是誰還給他蓋了一件衣服，使他覺得很暖和，他打算表揚一下給他蓋衣服的人。於是他問身邊的侍從說：「是誰替我蓋的衣服？」

　　侍從回答說：「是典冠。」

　　韓昭侯一聽，臉立即沉了下來。他把典冠找來，問道：「是你給我蓋的衣服嗎？」

　　典冠說：「是的。」

　　韓昭侯又問：「衣服是從那兒拿來的？」

　　典冠回答說：「從典衣那裏取來的。」

　　韓昭侯又派人把典衣找來，問道：「衣服是你給他的嗎？」

　　典衣回答說：「是的。」

　　韓昭侯嚴屬地批評典衣和典冠道：「你們兩人今天都犯了大錯，知道嗎？」

典冠、典衣兩個人面面相覷，還沒完全明白是怎麼回事。

韓昭侯指著他們說：「典冠你不是寡人身邊的侍從，為何擅自離開崗位來幹自己職權範圍以外的事呢？而典衣你作為掌管衣物的官員，怎麼能隨便利用職權將衣服給別人呢？你這種行為是明顯的失職。今天，你們一個越權，一個失職，如果大家都像你們這樣隨心所欲，各行其是，整個朝廷不是亂了套嗎？因此，必須重罰你們，讓你們接受教訓，也好讓大家都引以為戒。」

於是韓昭侯把典冠、典衣二人一起降了職。

思考導向

管理者應當意識到，任何違反制度的問題都是大問題，不論違反制度的原因為何，必須嚴肅處理。

有時候，好心也可能辦壞事。對於這種情況，管理者不能把「好心」作為處理的依據，而應該根據「壞事」的程度進行處罰。

培訓師講故事

◎這件衣服不可穿

五代時期大亂53年，軍閥混戰，到處割據，貪婪腐敗，奢侈成風。北宋建立後，開國皇帝趙匡胤深知不糾正貪污腐敗的歪風、不形成奉公守法的風氣，就難以維持社會秩序，做到長

治久安。

他隨時抓住機會宣傳自己反對貪污腐敗的廉政。

有一次，趙匡胤的姐姐魏國大長公主到宮裏來聚會，身穿一件「貼繡鋪翠」式的上衣。趙匡胤看了又看，最後很不高興地說：「請你把這件衣服送給我好不好？今後不要再用翠羽作衣飾了。」

「你別大驚小怪，衣服上這一點點翠羽值不了幾個錢。」公主笑著說。

「話不能這麼說，」趙匡胤嚴肅地說，「這不是一件小事。你帶頭穿這樣的衣服，皇親國戚就會跟著學，社會風氣就會變得奢侈浮華。再說，這種衣服流行起來，翠羽的價錢就會飛漲，商人為了賺錢，就會到處收購，然後大家就會大肆捕殺翠鳥，這種美麗的鳥就會絕跡於山林之中。追根究底，就是你造的孽。」

公主無言以對，默默地脫下了這件衣服。

思考導向

有些問題正如「多米諾骨牌」，它會引發別的問題。因此，對於這類問題管理者要更加謹慎對待，以防出現更大的問題。

對於問題，管理者不可孤立、片面地看待，要用聯繫與發展的眼光去探求問題背後的問題，從而對問題進行全面、客觀的認識。

培訓師講故事

◎去掉蓋子全賣完

有一家超市新進了一批高檔杯子，樣式新穎，色調勻稱，經理相信它們一定能成為搶手貨。然而，奇怪的是，雖然看那批杯子的顧客很多，但真正購買的卻很少。經理百思不得其解，就去求教一位行銷學家。行銷學家拿起杯子，細細審視一番，便叫經理馬上叫人把杯子上的蓋子全部取走，但杯子仍放在貨架上原價出售。

經理更加困惑了。行銷學家對他說：「這批杯子，杯身設計新穎、做工精細，但是，蓋子卻很大眾化，有種虎頭蛇尾的缺陷。顧客想買下杯子，卻總覺得吃了虧，如果蓋子一去，它們便成為了一批完美的杯子。」

10 天后，這批杯子全部售完。

思考導向

管理者應認識到，再有把握的事情也可能會出現問題。因此，管理者做工作不僅需要信心，還需要細心。

面對問題，管理者無法查明原因時，可以向他人求助，比如專業人士，這也是找出問題關鍵的重要方式。

培訓師講故事

◎激勵方式很不同

北宋時，西北邊境時常受到西夏李元吳的侵犯。北宋將領種世衡奉命駐守在邊城寬州抵禦西夏。

為了增加邊防力量，種世衡用名加利誘之謀，以銀當靶，激勵當地軍民練習射箭。他規定，誰射中了銀子，這銀子就歸誰。一傳十，十傳百，百姓們都躍躍欲試。

第一天試射，寬州軍營前來參加的群眾如潮，一天下來，種世衡並沒有食言，將銀子獎給了射中者。這樣一來，寬州百姓更加爭相練習射箭，連僧人、道人、婦女也都積極參加，大家的射箭技術越來越高，射中的人也越來越多。

種世衡看到大夥兒練箭熱情高漲，又因勢利導，把銀靶正面的面積縮小，厚度加大，但重量不變。這樣，難度加大了，人們的射技也相應得到提高。接著，種世衡又推出一項新規定：分派徭役者參加射箭，射中者可以減免徭役；人們犯了法也要射箭，射中者可以從輕處罰。

自從種世衡的做法推廣後，寬州百姓人人善射，戰鬥力強，邊防力量大大增強。在以後抗擊西夏的日子裏，這裏的男女老少大顯神威，使得西夏人一到寬州附近就心驚膽戰，不敢迎戰。

思考導向

激勵創新是管理創新的重要內容；管理者要提高管理創新能力，就應提高激勵的水準。

創新的激勵措施有賴於管理者在把握下屬需求的基礎上，綜合運用各種激勵方式，並不斷開發新的激勵方法。

31 尋獵

ⓘ **遊戲目的：**

尋獵是考察團隊整體協作能力的一個遊戲。尋找「獵物」看似簡單，但要在規定的時間內完成任務則有一定的難度，這就需要團隊成員分工明確，積極配合。在工作中也是如此，團隊只有做好明確的計劃與分工才能提高辦事效率。

1. 加深團隊成員間的接觸。
2. 開發團隊成員的智慧。

Ⓢ **遊戲人數：**全體參與，5～7人一組

Ⓕ **遊戲時間：**30分鐘

✈ **遊戲場地：**室內

€ **遊戲材料：**給每組發一個「尋獵」項目列表（表自由制定，列出隱藏在室內的物品名稱）

遊戲步驟：

1. 將團隊成員分組。

2. 告知每個參與者將一起去參加一個搜尋活動，獲勝的小組將受到獎勵。

3. 將「尋獵」列表交給各小組，告訴他們將利用他們自己的智慧盡可能多地獲得表中所列內容。

4. 設置時間限制，如 1 小時。

5. 當時間到時，命令每個隊都集合回來，比較那一個隊的物品更全，得分更高，最高者優勝。

 遊戲討論：

1. 其他小組離完成有多少差距？

2. 獲勝隊的獲勝原因是什麼？

3. 在你的小組裏是否有人顯得比其他人更出色？．

4. 有人在領導你的小組嗎？是誰？為什麼他能領導？

回顧一下尋獵過程，便會知道：完成尋獵任務需要大家共同的努力，激發每個學員的積極性對於團隊任務的完成起著加速作用。

可以將一些「尋獵」項目表上的物品分解成為好幾個部份，分散藏在各處，需要找到這幾個部份拼接起來才成為一個完整的物品，才算找到「獵物」。

培訓師講故事

◎要分析誰來負責

景差是鄭國的相國。一次，景差坐著馬車帶著隨從外出，出都城走了一段路，發現前面車馬擁擠，道路堵塞。景差讓隨從上前查看，原來前面很長一段路淤泥堆積，坑坑窪窪，車馬每行到此便難以前進，馬摔倒在路邊，車陷進泥裏，人只好下車拼命推拉那些車馬，搞得十分狼狽。堵在後面的行人十分焦急。見此狀況，景差忙命令自己的隨從都下去幫忙推車拉馬，自己也親自下車前去指揮，使混亂局面慢慢變得有秩序起來。

又有一次，景差經過一條河，見一個老百姓捲起褲腳過河，因為時值隆冬，那人上岸以後，兩條腿已經凍僵，全身也哆嗦成一團。景差趕緊叫隨行的人把他扶到後面的車上，拿過一件棉衣蓋在他身上，那個人才緩過氣來。

景差關懷老百姓疾苦的事情傳開了，大家都稱讚景差是個了不起的人。

可是晉國大夫叔向聽說這些事後，卻不以為然，他說：「景差身為國相，他做得並不好啊！我聽說，一個好的官吏，在其管轄的範圍之內，3 個月就應該修好溝渠，10 個月就應在所有的河上架起橋樑或設置擺渡。這樣六畜過河尚且不需要濡足，人還用涉水過河嗎？可見景差胸無全局，不會深謀遠慮，算不得稱職的相國。」

思考導向

管理者要對問題進行反方向上的分析。

看待事物不應只看到事物的表面。有時，從反方向上進行深入的分析，就可以挖掘出隱藏在事物中的大問題。

分析問題需要管理者具備一定的逆向思維能力，即遇到問題不僅要進行正面分析，還要從反面進行思考。

培訓師講故事

◎創業守成那個難

一天，唐太宗問大臣們：「創建王業與守住王業那一個更難？」

房玄齡說：「創業之初，與群雄並起，通過角逐而使群雄臣服，創業難啊！」

魏征說：「自古以來，帝王的江山莫不是從艱難中得來，而在安逸中失去，守成難啊！」

太宗說：「玄齡與我一起取得天下，九死一生，所以深知創業的艱難；魏征同我一起安定天下，常恐驕奢生於富貴，禍亂生於疏忽，所以深知守成的艱難。既然創建王業已經過去，正應同各位一起守住王業。」

思考導向

　　對於他人的意見，管理者既要分析其意見內容的合理性，也要分析其提出此種意見的原因。

　　分析他人的言論或行為時，管理者應當換位思考，學會站在他人的角度思考問題。

培訓師講故事

◎從貓身上作判斷

　　第一次世界大戰中，法軍和德軍打仗時，法軍的一個師級指揮部在前線構築了地下指揮所，人員深入簡出，十分隱蔽，德軍對此毫無察覺。

　　一天，德軍一名參謀人員在用望遠鏡觀察戰場的情況時，突然發現在法軍陣地上有一隻金色的貓。經過幾天的反復觀察，他發現了一個有趣的規律：這只貓每天早上八九點鐘，都在法軍陣地後方的一座墳包上曬太陽。於是，他做出如下的判斷：

　　第一，這只貓不是野貓，野貓白天不出來，更不可能在炮火隆隆的陣地上按時出沒；

　　第二，貓的棲身處在墳包附近，週圍並無人家，很可能是從附近的地下隱蔽工事裏出來的；

　　第三，根據仔細觀察，這只貓是相當名貴的品種，在打仗

的時候還有條件養這種貓的，決不會是普通的下級軍官。

最終，這位參謀人員斷定：那只貓活動場所的附近是法軍的一個高級指揮所。於是，德軍集中好幾個炮兵部隊的火力，對著那只貓附近的區域進行了猛烈轟擊。

事後得知，法軍在該防線的某師級指揮部被摧毀，包括師長在內的所有指揮人員全部陣亡。

 **思考導向**

對問題的分析不能孤立地進行，應將其與週圍的環境條件相聯繫，從而以更加全面的視角得出有益的結論。

細節決定成敗，管理者對問題的分析應從細節開始。也許抓住了一個細節，就抓住了問題分析的關鍵。

培訓師講故事

◎土豆自動來分揀

漢斯是德國的一個農民，他處處愛動腦筋，所以常常花費比別人更少的力氣卻有更大的收穫。

一次，又到了土豆收穫季節，村裏的農民進入了最繁忙的工作期。他們不僅要把土豆從地裏收回來，而且還要把土豆按個頭分成大、中、小三類。這樣下來，每人都起早摸黑地幹，希望能早點把土豆運到城裏去賣。

漢斯一家與眾不同，他們根本不做土豆分揀工作，而是直

接把土豆裝進麻袋就運走。但是，在向城裏運送土豆時，他們不走平坦的公路，而是偏走顛簸不平的山路。

數英里路下來，因為車子不斷顛簸，小的土豆就落到麻袋的最底部，而大的自然就留在了上面。到了市場，漢斯再把大小土豆進行分類出售。由於節省了時間，漢斯的土豆在市場上上市最早，因此賣出了比別人更理想的價位。

 **思考導向**

勤於思考者，善於將問題與環境條件相聯繫，找出可以利用的規律，從而使事情變得簡單，使問題得到解決。

問題的上帝，從來不會虧待勤於思考的信徒。

32 方法技巧運用能力自測題

方法技巧是指管理者選擇最合適的方法和技巧並通過正確步驟解決問題的能力。請通過下列問題對自己的該項能力進行差距測評。

1. 你如何理解問題解決的方法技巧？

　　A.是問題得以有效解決的手段

　　B.是問題解決的途徑　　C.是問題處理的方式

2. 當面對無法解決的難題時，你通常如何認識？

　　A.方法總比問題多　　B.或許能找到合適的方法

　　C.也許根本沒有解決的辦法

3. 你是否能夠發現事物之間的聯繫並通過聯想找到問題解決的方法和技巧？

    A. 通常能   B. 有時能   C. 不能

4. 遇到問題時，你是否能為問題找到創新的解決方法？

    A. 通常能   B. 有時能   C. 不能

5. 你是否有過後悔使用某種方法解決問題的情況？

    A. 從來沒有   B. 偶爾會有   C. 經常有

6. 你如何理解「圍魏救趙」這種解決問題的方法？

    A. 是一種「迂迴」的解決問題的方法

    B. 只有特定的問題可以使用

    C. 效果不如直接解決問題明顯

7. 你在解決問題時怎樣使用以前的方法和經驗？

    A. 使用與否，要具體問題具體分析

    B. 認真分析，盡量使用以前的經驗

    C. 總是按經驗辦事

8. 你通常如何解決自己不熟悉的問題？

    A. 通過學習，找到解決方法

    B. 根據以往的經驗來解決

    C. 通過向同事請教來解決

9. 你能否從與問題相關的事物中找到解決問題的靈感？

    A. 經常能   B. 有時能   C. 不能

10.當團隊工作遇到困難時，你能否比他人率先找到解決問題的辦法？

　　A.經常能　　　B.有時能　　　C.不能

　　選 A 得 3 分，選 B 得 2 分，選 C 得 1 分

　　24 分以上，說明你在方法技巧運用能力方面表現良好，請繼續保持和提升。

　　15～24 分，說明你在方法技巧運用能力方面表現一般，請努力提升。

　　15 分以下，說明你在方法技巧運用能力方面表現較差，急需提升。

培訓師講故事

◎鑽些小孔得百萬

　　19 世紀的時候，美國向歐洲國家大量出口方糖，可是不管用於密封方糖的紙有多厚，也不管包了多少層，經過幾十天的漂洋過海之後，裏面的方糖照樣潮濕變形。對此，歐洲國家非常不滿，經常找理由退貨。

　　為了彌補這個巨大的經濟損失，美國制糖公司不得不邀請專家進行技術攻關，但試用了多種方法卻仍然不能取得滿意的效果。

　　一位名叫凱盧薩的青年工人，也對此琢磨起來。他想起輪船是用風筒來排潮的，就想將其用到方糖的防潮問題上。他在

包裝方糖的紙盒上鑽了幾個小孔，沒想到效果卻出奇的好。

於是，凱盧薩獲得了這項發明的專利權，美國制糖公司花費了 100 萬美元才買到這個專利。

思考導向

很多事物都有相通之處，管理者要善於運用聯想的思考方法，發現事物間的聯繫以解決當前的問題。

最好的解決問題的方法往往是在工作中發現的，管理者應勤動腦、多思考，善於在工作中發現問題，解決問題。

培訓師講故事

◎巧送耳環做試探

孟嘗君是戰國時期著名的人物，此人頗有計謀。

齊威王的夫人去世後，誰可能被封為王后，成為人人關心的問題。威王有七個美麗的宮女，任何一個都有可能被封為王后，孟嘗君也推測不出那一位將被封為王后，

但他又不能直接去問威王。

在齊國，立王后是件大事，一般要大臣同意，若大臣先推薦，而國君又同意，則大臣就會受寵。若孟嘗君知道威王的心意，就推薦他喜歡的那位宮女，這樣既可討國君的喜愛，又能得到新王后的寵愛。相反，如果推薦不准，不僅會受到齊王的訓斥，而且也會遭到新王后的反感。

　　孟嘗君終於想出一個方法。他用美玉做了七付耳環，其中的一付最漂亮，他把耳環獻給了齊威王。

　　齊威王把耳環賞給了七位宮女。

　　第二天，孟嘗君打探到了佩戴了最美麗的耳環的宮女，於是，他向齊威王推薦這位宮女為王后。

 **思考導向**

　　「拋磚引玉」是解決問題的重要方法，管理者可以拋出識別問題的「磚」，找到解決問題的「玉」。

　　問題一定有解決的方法，方法總比問題多；面對問題，管理者只要積極思考，善於發現，總能找到解決問題的方法。

培訓師講故事

◎可用垃圾還貸款

　　垃圾曾經一直是泰國政府的心頭大患；可現在去泰國旅遊的人卻都發現：泰國首都曼谷等地變得異常整潔。他們是如何做到的呢？

　　原來，泰國政府為了解決環境問題，創造性地推出了「垃圾銀行」制度，鼓勵無所事事的青少年利用空餘時間走上街頭收集垃圾。收集垃圾後，國家將為其建立一個專門帳戶，每三個月計息一次，利息則用學習用品支付。

　　如果青少年上學需要錢，而家裏的錢又不夠，他(她)還可以

向政府申請貸款，通過上交垃圾的辦法進行還貸。

思考導向

通過利益引導解決問題並不是很複雜，但複雜的是如何用最少的錢辦最多的事。

對於不同的兩個問題，管理者要盡力發現其中的聯繫，善於通過一個措施或方法解決兩個或更多的問題，從而達到一石二鳥、一舉多得的效果。

33 要為三人來分寶

i **遊戲目的：**
提高管理者應對管理難題的能力。
提高管理者公平對待下屬的能力。

遊戲人數：20 人

遊戲時間：30 分鐘

遊戲場地：空地或教室

遊戲材料：問題卡片、紙、筆

遊戲步驟：

1. 將學員分成 4 人一組。

2. 向學員陳述以下內容：一個富翁去世了，留給他三個女兒（乙、丙）四件價值不菲的寶物（A、B、C、D）。但三個女兒對四件寶物的估價不一樣。三人對四件寶物的估價如下表所示：

	A	B	C	D
甲	200	40	20	10
乙	60	20	30	60
丙	120	60	40	20

3. 要求每個小組由三人扮演富翁的女兒甲、乙、丙，剩下一人作為法官負責為三人分寶物。

4. 請法官開始給三人分寶物，但法官必須保證讓三人感到公平。

 遊戲討論：

1. 分配的過程中是否有「女兒」感到不公平？法官應如何解決？

2. 法官如何才能得到盡可能多的分配方案？

參考方法：

1. 最高估價平均法

(1)把四件寶物的最高估價相加：200+60+40+60=360。

(2)三人各得最高估價的平均值：360/3=120。

(3)三人按最高估價得到寶物，每個人心理獲利分別是：

甲：200-120=80

乙：60-120=-60

丙：100-120=-20

(4)最後分配方案：甲得 A，乙得 D，丙得 B、c；同時，甲補償乙 60，甲補償丙 20。

2. 拍賣價格平均法

(1)寶物 A，超過 60 乙就會不要，超過 120 丙就會不要，所以甲只需要出價比 120 多一點就可以得到。由此推出四件寶物的總拍賣價為 120+40+30+20=210。

(2)三人各得拍賣價格的平均值：210/3=70

(3)三人按最高拍賣價格獲得寶物，每個人的心理獲利分別是：

甲：120-70=50

乙：20-70=-50

丙：70-70=0

(4)最後分配方案：甲得 A，乙得 D，丙得 B、C；同時，甲補償乙 50。

當面對管理上的難題時，管理者可以通過邏輯思考進行分析，找出問題的根源，然後再通過逆向思維找到解決問題的創造性方法。管理者應不斷革新管理的方式、方法，有效適應變化，使下屬感到公平與合理，從而得到他們的擁護與支持。

培訓師講故事

◎獵人判斷

以前，北方有個獵人，大大小小的動物打了不少，家裏有各種各樣的獸皮。

有一次，他要去野外辦些事情，剛一出門，讓風一吹，頗有些寒意。於是他又返身進門，想找件獸皮擋擋寒。他順手抓了一張獅子皮，披在身上就上路了。

到了野外，獵人越走越覺得不對勁。一陣風吹草動，他預感到有事要發生。果然，只聽得一聲長嘯，一隻吊眼白額大虎跳了出來。獵人手邊沒帶什麼屬害的武器，心裏暗想：糟糕，要躲也來不及，這下可完了。於是他乾脆不逃了，閉著眼睛站在原地等死。

再說那只老虎，早已餓了多時，一見有東西過來，就要往上撲。可那東西不但沒逃，還站住了，在那邊遠遠地看著自己。老虎很奇怪，仔細看了看，乖乖，原來是只大獅子！要是打不過可慘了，好漢不吃眼前虧，還是快溜吧！

獵人站了半天，還不見老虎來吃他，大著膽子睜開眼一看，發現老虎夾著尾巴在往回跑，一閃就不見了。獵人給弄糊塗了，但又一想，老虎肯定知道自己是個好獵手，因害怕自己而跑掉的。獵人非常得意，絲毫也沒往自己披的獅子皮上去想。

他趾高氣揚地回到家，逢人就誇耀說：「連老虎都知道我是打獵的好手，一見了我就馬上逃走了！」

又過了幾天，獵人又要去野外了。這一回，他隨便拿了一

張狐皮擋風。像上次一樣，走了沒多遠就又碰上了老虎。獵人一點不怕，大搖大擺地走了過去。

老虎見是狐狸，連撲都懶得撲，就站在原地斜著眼睛瞧著他走過來。獵人走到老虎跟前，見老虎還不讓路，不由大怒，高聲威脅說：「畜牲，見了我還不滾開，當心我扒了你的皮！」

老虎不耐煩了，猛地跳將過去，可憐的獵人就這樣成了老虎的一頓美餐。

 **思考導向**

對於事情的原因，管理者不能隨意猜想，而應以嚴謹的態度進行認真調查、科學分析。很多時候，錯誤的行為源於錯誤的認識，而錯誤的認識又源於對問題做了錯誤的分析。

培訓師講故事

◎路邊的李子樹

有一群猴子到山下玩耍，它們打打鬧鬧的，越跑越遠，一直到了一條大路旁邊。一個眼尖的猴子忽然發現了什麼，指著不遠處說道：「喂，你們看呀，那邊好像是一棵李子樹，上面還結有果實呢。」

大家順著它指的方向跑過去一看，呀，真的是一棵又高又大的李子樹，而且上面結滿了熟透的李子，壓得樹枝都彎了，一個個李子鮮紅鮮紅的，好像就要滴出汁水一樣，十分誘人。

　　猴子們見了滿樹的熟李子，想起李子那又甜又酸的味道，饞極了，一個個直往肚裏咽口水，巴不得馬上吃到它。

　　領頭的猴子招呼了一聲：「喂，快上樹去摘李子吃啊，還等什麼呀！」

　　大家歡呼了一聲，立即奔向李子樹，爭先恐後地向樹上爬去，摘了好多的李子。

　　可是，一隻小猴子卻站在原地沒動，它停在那裏，好像在想些什麼。

　　其他猴子都覺得很奇怪，大聲地問那個小猴子說：「你還呆在那裏幹什麼？李子這麼多，我們根本就摘不完，你快點過來呀！」

　　小猴子開口說道：「你們不覺得有點奇怪嗎？這棵李子樹就長在路邊，果實都熟透了，來來往往過路的人那麼多，卻沒有多少人去摘，到現在，果實還掛滿枝頭。所以，依我看，這棵李子樹上結的果子一定是苦的。」

　　猴子們將信將疑地拿起剛摘下的李子放到嘴裏嘗了嘗，馬上就都「噗噗」地吐了出來，這李子果真又苦又澀，難吃到了極點。於是，大家都對這只小猴子很是佩服。

📖 思考導向

　　在探索事實真相的道路上，只有善於思考者，才能走在最前面。

　　問題分析能力是管理者應具備的基本能力。管理者只有善於分析問題，才能避免盲目地行動，才能在工作中少做或不做無用功。

培訓師講故事

◎牆壁顏色要改變

有位飯店老闆，他非常喜歡綠色，於是就將飯店的四壁全部塗成淡綠色。清新的色調在都市環境中顯得格外別致，這為他吸引了大量顧客。

可不久，這位飯店老闆就發現了問題，因為這些色調非常具有吸引力，很多顧客進完餐後不願離開這幽雅舒適的環境。

於是他請來一位設計師。設計師建議他把四壁塗成橘黃色，後來果然改變了這種狀況。原來，橘黃色能刺激人們的食慾，但刺激性強的色彩既能使人興奮，又容易使人疲勞，所以顧客下意識地不願在此氣氛中久留，吃飽喝足後，便立即離開。

因為橘黃色能使顧客「既願意進來，也願意離開」，所以後來全球很多速食店都採用這種色彩作為主色調。

思考導向

根據問題發生的原因採取的問題解決方法才會更有效，管理者應善於分析問題發生的原因。

分析問題時，管理者不能過度依靠自己的偏好或經驗。因為當自身的偏好或經驗存在問題時，管理者就無法找到原因或只能得出錯誤的結論。

培訓師講故事

◎使其主動把狗管

　　從前，有一個農夫養了很多可愛的小羊羔，他的鄰居恰好是個獵戶，家裏養了很多獵狗。獵狗經常跳過柵欄襲擊小羊羔。農夫幾次請獵戶把狗管好，但獵戶卻不以為然。沒過幾天，他家的狗又跳進羊圈橫衝直撞，咬傷了很多小羊。

　　農夫氣得直想和鄰居打架。後來，他的兒子想了一個辦法：「爸爸，您為什麼不送一隻可愛的小羊給隔壁人家的孩子呢？」

　　農夫聽了兒子的解釋後，送了一隻小羊給隔壁獵戶的孩子。獵戶的小孩非常喜歡這只羊羔，於是便敦促他的父親把狗鎖好。

　　問題就這樣解決了，兩家人後來還成了很好的鄰居。

思考導向

　　行為是由內心需求所主導的，因此，要改變他人的行為，首先應改變他人的內心。

　　問題一定能解決，解決應當講技巧。因此，面對問題，管理者既要相信其一定能得到解決。同時還要在解決技巧上下功夫。

34 找出相應的數字

i 遊戲目的：

加強遊戲參與者學習創新能力的培養和訓練。

讓遊戲參與者在遊戲中學習，在遊戲中進步。

遊戲人數：不限

遊戲時間：10 分鐘

遊戲場地：室內

遊戲材料：印有題目的試卷若干

遊戲步驟：

在下式中字母分別代表數字
0、1、2、3、4、5、6、7、8、
9，且分別代表不同的數字，其
中 D=5，請找到其他字母所對應
的數字。（如圖所示）

```
  DONALD
+ GERALD
─────────
  ROBERT
```

參考答案：

分析：

由已知信息 D=5，並觀察此算

式，可得到如下信息。

T=0

O+E=O 又 T=0 則 E=9

R≥6 且 R 為奇數，則 R=7

G≤4

對上述信息進行邏輯分析。

由 E=9，R=7 得出 L=8，A=4，G=1

還剩下 2、3、6 三個數字。

N+7=10+B 或 N+7=B，則 N=6，B=3，則 O=2

> 答案：
> 526485
> +197485
> ———————
> 723970

 遊戲討論：

學習創新能夠讓疑難問題從無從入手到有章可循，這需要管理者通過觀察和邏輯分析，從繁雜混亂中尋覓到蛛絲馬跡，找到成功開啟問題大門的鑰匙。

管理者需要不斷學習，掌握豐富的知識，找到問題的著眼點，弄清事物發展的規律，從而能夠更加從容地實施創新。

培訓師講故事

◎官印丟了不慌亂

唐朝憲宗時期的宰相裴度，很有學問且處事精明，被譽為一代良相。

一天，裴度身邊的侍從突然告訴他官印找不到了。裴度毫不在意，只是告誡他們不要聲張。當時正在宴請賓客，大家都

不知道這是為什麼。

半夜，大家酒興正濃的時候，侍從又來告訴他官印找到了，裴度也不搭理，直到宴會盡興而散。事後有人向他請教其中的奧妙，他說：「官印一定是被那個小官吏拿去偽造契約去了，如果延緩追查，他們用完了自然會放回原處；如果急於追查，他們就可能將官印毀掉，那就再也找不回來了。」

裴度不急於尋找官印，並不是說官印對於他不重要他不想去找，而是他清楚官印肯定是被小官吏拿去偽造契約了，並不是想拿走不還。如果逼得急了，小官吏很可能會銷毀證據，到時候就真的找不到了。

思考導向

判斷問題的發展趨勢，依賴於對問題原因的清醒認識。因此，面對突發問題，管理者應及時查明問題的原因。

在對問題分析之前，管理者切忌盲目行動，否則很可能會得不償失。

培訓師講故事

◎比美之中有發現

鄒忌身材修長，長得很瀟灑。

清晨他穿好衣服對著鏡子看，對他的妻子說：「我與城北徐公誰美？」

妻子說：「你美，徐公怎麼能比得上你呢？」

城北徐公，是齊國有名的美男子。鄒忌有點不相信，又去問他的妾：「我和徐公誰美？」

他的妾說：「徐公怎麼能比得上您呢？」

第二天清早，有客人來，坐談時，鄒忌問客人：「我和徐公誰美？」

客人說：「徐公比不上君美。」

又一天，徐公來了，鄒忌仔細觀察，自以為比不上徐公。又對著鏡子看自己，覺得相差很遠。晚上睡覺時又思考這件事：「妻子說我美，是愛我；妾說我美，是因為怕我；客人說我美，是有求於我。」

鄒忌入朝見齊威公，說：「我知道自己不如徐公美，但我的妻子愛我，妾怕我，客人有求於我，都說我比徐公美。現在齊國方圓千里，有一百多城池，宮廷中的婦人和左右侍者，誰不私愛陛下；朝廷內外的大臣，誰不怕陛下；國內的人，無不有求於陛下。由此可見，陛下被蒙蔽得多麼深啊！」

齊王說，「你說得好！」於是下令道：「群臣和百姓，能當面指出寡人過錯的，受上賞；上書規勸寡人的，受中賞；在大街上議論被我聽到的，受下賞。」

命令剛下達，群臣紛紛進諫，門庭若市。幾個月後，提意見的人隔一段時間才有。一年以後，就是想進諫，也沒什麼可說了。燕、趙、韓、魏等國聽說後，都紛紛向齊國稱臣，這就是不出朝廷而使諸侯來朝。

思考導向

　　當眼睛看到的信息，與耳朵聽到的信息產生矛盾時，管理者就應當仔細分析發生衝突的信息，從而做到去偽存真，發掘出事情的真相。

　　透過不同事物間的聯繫，管理者很可能會看到大的問題。因此，管理者應多用聯繫的觀點觀察事物、分析事物。

培訓師講故事

◎燕子過冬的地點

　　瑞士北部城市巴塞爾有個補鞋匠，在街角上搭了個棚子，他那棚子的簷下有一個燕巢。每年秋後，那燕子總要飛到很遠的地方去，到第二年春天才回來。

　　「燕子冬天究竟飛到那兒去了呢？」一天，補鞋匠向附近的一位學者請教這個問題。

　　學者答道：「兩千多年前，亞里斯多德得出一個結論：家燕是在沼澤地帶的冰下過冬的。後來，有一個叫布豐的科學工作者，捉了 5 只燕子放到冰窖裏，結果它們全凍死了。這就使大家對亞里斯多德的結論提出了質疑。」

　　補鞋匠說：「可您還沒有回答我燕子到底去什麼地方過冬。」

　　學者搖了搖頭：「我也不知道。」

　　補鞋匠想了個辦法，他在燕子快飛走時，在它腳上繫了一

張紙條:「燕子,請你告訴我,你在什麼地方過冬?」

補鞋匠盼啊盼啊,終於把冬天打發走了。一天,那只燕子又飛回來了,只見它腿上縛了一張新紙條,上面寫著:「它在雅典安東莞家過冬,你為什麼刨根問底打聽這事?」

補鞋匠於是把這張紙條拿給學者看,學者笑著說道:「看來,我還不如一個補鞋匠呢!」

 **思考導向**

解決問題是一個踏實的過程,它依靠的是實用的方法而不是毫無意義的理論。

管理者應知道,在解決問題時,僅有知識是不夠的,還需要勤於思考和勇於實踐。

35 越過兩人來移動

遊戲目的:

培養遊戲參與者的管理創新意識。

提高遊戲參與者的管理創新能力。

遊戲人數:20 人

遊戲時間:25 分鐘

遊戲場地：空地或教室

 遊戲材料：一塊碼錶

 遊戲步驟：

1. 將 20 名學員分成 2 組，每組 10 人。

2. 各組成員站成一排，每隔兩個人能夠移動一次（向左、向右皆可），移動成為 2 人一組，共 5 組。（如圖所示）

(1) 移動前

(2) 移動方式

(3) 移動後

3. 兩個小組同時開始比賽，在遊戲過程中小組成員可以溝通和討論。

4. 培訓師負責監督和計時，以各組完成的速度和品質作為評判標準。

遊戲討論：

1. 移動的過程中是否發生了混亂情況？為什麼會出現這種情況？

2. 兩個小組是否選出了自己小組的組長？組長是如何決策的？

3. 那個小組是經推演得出方法後才移動的？這樣做有什麼好處？

管理者要認識到，管理創新就是讓自己身邊所有人都充滿激情，不斷發展和創新，在達成目標的道路上充分發揮他們的創造力。

沒有管理創新的團隊會墨守成規、固步自封、失去活力，沒有管理創新的企業會機制僵化、因循守舊、停滯不前；要想在競爭中立於不敗之地，管理者必須進行管理創新。

參考方法：

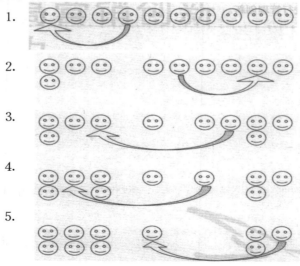

培訓師講故事

◎韓信析局讓人歎

劉邦任命韓信為大將以後，對韓信的才能仍半信半疑，他問韓信：「丞相(蕭何)多次向我推薦，說將軍有雄才大略，將軍對當今局勢有什麼高見，請指教我一下。」

韓信反問道：「大王今欲向東發展，您是與項羽為敵吧？」

「正是。」

「大王自料，您的力量與項羽相比，誰更強大？」

漢王沉吟道：「我不如項羽。」

韓通道：「我也認為大王不如項羽，我曾效力於項羽，知道項羽的優劣勢。」

「項羽力量過人，英勇善戰，是個叱吒風雲的人物，但他不善用良將，這就是匹夫之勇，不足與其論說大謀。有時項羽也算仁厚，關心士卒，言語溫和，遇到士卒生病，送吃送喝；但當部下有功，應該封賞爵位時，他卻十分慳吝，這就是婦人之見，不足與其成就大事。今日項王自封為楚霸王，稱霸天下，號令天下諸侯，但他不設都關中，卻設都彭城，已失去地利。他又違背楚懷王最初約定的『先入關中王之』的誓言，任性妄行，大封親信，各路諸侯對他不滿，山東諸國，必起紛爭，難以治理。項羽出兵以來，對所過地方無不燒殺搶掠，天下多怨，百姓不親，各國勢力迫於項羽威力，暫時臣服，將來各國勢力逐漸增強，必然反叛。」

「大王您針對項羽的弱點反其道而行之，任用天下謀臣勇

將，所得天下大地，全部封於功臣，帶領一心東歸的將士，仗義東征，何地不能攻克？項羽封在關中地區的三個王，都是秦朝的降將，秦朝父老鄉親對這三個降將早已恨之入骨，他們帶領秦兵，殺害過很多反秦的人民，他們出賣部下，投降項羽，怎麼會得人心呢？只有大王您進入關中，秋毫無犯，廢除了秦朝苛刻的法律，與秦民約法三章，秦民無不願您做他們的王。並且義帝原先的約定無人不知，大王被迫西行，不但大王怨恨項羽，就是秦民也不滿項羽的作為。大王若東征三秦，可以平定關中地區；三秦平定，就可以再進一步與項羽爭奪天下了。」

　　韓信的分析，有理有據，展示了天下大勢的變化前景，分析了項羽和劉邦的長處與短處。劉邦聽了以後，對韓信十分佩服，就讓韓信全權負責軍事，做好東征的準備。

思考導向

　　分析問題，是有效解決問題的前提與基礎。管理者只有具備了良好的問題分析能力，才能在通向成功的道路上走得更快。

　　對問題進行全面分析，才能將問題分析得更透徹。全面分析問題即從宏觀與微觀、正向與反向等多層次、多角度對問題進行分析。

培訓師講故事

◎少年駁得他無言

有一個眼睛失明的少年擅長彈琴擊鼓，鄰裏有一個書生過來問他：「你有多大年紀了？」

少年說：「15歲了。」

「你什麼時候失明的？」

「3歲的時候。」

「那麼你失明已經有12年了，整日裏昏天黑地，不知道日月山川和人間社會的形態，不知道容貌的美醜和風景的秀麗，這豈不是太可悲了嗎？」

那失明的少年笑著說：「你只知道盲人是盲的，而不知道不盲的人實際上也大都是盲的。我雖然眼睛看不見，但四肢和身體卻是自由自在的。聽聲音我便知道是誰，聽言談便知道或是或非。我還能根據道路的狀況來調節步伐的快慢，很少有跌倒的危險。我全身心地投入到自己所擅長的工作中去，精益求精，而不用浪費精力去應付那些無聊的事情。這樣久而久之也就習慣了，我不再為眼睛看不見東西而感到痛苦。」

「可是當今某些人雖然有眼睛，但他們利令智昏，看見醜惡的東西也十分熱衷，對賢明與愚笨不會分辨，邪與正不能區分，治與亂也不知原因，詩書放在眼前卻成天胡思亂想，始終不能領會其要旨。還有的人倒行逆施，胡作非為，跌倒之後還不清醒，以至於最後掉進了羅網。這些人難道沒有眼睛嗎？這些睜著眼而昏天黑地亂竄的人難道不也是盲人麼？他們實際上

- 209 -

比我這個生理上的盲人更讓人覺得可悲可歎呀！」

　　書生無言以對。

思考導向

　　塞翁失馬，焉知禍福。管理者只有思考和分析問題，才不會讓偏見遮住自己的眼睛。

　　任何事物都有利弊兩個方面，管理者看待事物，不應只看到利益或弊端，而應從正反兩個方面進行分析，從而得出相對客觀的結論。

培訓師講故事

◎獲得安靜的談判

　　一個剛退休的老人回到老家，買了一座房住了下來，想在那兒寧靜地打發自己的晚年，寫些回憶錄。

　　剛開始的幾個星期，一切都很好，安靜的環境對老人的精神和寫作很有益。但有一天，3個半大不小的男孩子放學後開始來這裏玩，他們把幾隻破垃圾桶踢來踢去，玩得不亦樂乎。

　　老人受不了這些噪音，於是出去跟年輕人談判。

　　「你們玩得真開心，」他說，「我很喜歡看你們踢桶玩，如果你們每天來玩，我給你們3人每人每天1塊錢。」3個小青年很高興，更加起勁地表演他們的足下功。

　　過了3天，老人憂愁地說：「通貨膨脹使我的收入減了一半，

從明天起，我只能給你們 5 毛錢。」小青年們很不開心，但還是答應了這個條件。每天下午放學後，繼續去進行表演。

一個星期後，老人愁眉苦臉地對他們說：「最近沒有收到養老金匯款，對不起，每天只能給兩毛了。」

「兩毛錢？」一個小青年臉色發青，「我們才不會為了區區兩毛錢浪費寶貴時間為你表演呢，不幹了。」

從此以後，老人又過上了安靜的日子。

思考導向

善於解決問題者，他的問題解決技巧看起來更像一門藝術，讓人驚歎。

面對問題，管理者應知道抱怨和憤怒都是毫無意義的，只有開動智慧的大腦，利用高超的方法解決問題才是最重要的。

36 解決態度測評

1. 測評目的

認識解決問題的方法是主管重要的工作。不能把解決問題當作是一種負擔而逃避，而應該要本著挑戰性的態度積極去解決。

2. 測評題

請根據你的實際情況作答。

⑴是否把已發生的問題交給上司解決？（　）

A.是　　　　B.有可能　　　　C.否

⑵上司所交付的問題，是否只思考做不到的理由，而不以積極的態度去考慮該怎麼解決？（　）

A.是　　　　B.有可能　　　　C.否

⑶下屬提出的問題，是以各種理由而搪塞積壓下來，而不會積極地呈報？（　）

A.是　　　　B.有可能　　　　C.否

⑷對於其他部門的問題，是以非此部門的人而否定或只是聽一聽而已，而不會積極地解決？（　）

A.是　　　　B.有可能　　　　C.否

⑸解決問題時發生的障礙或困難，努力不懈地排除它，直至問題解決？（　）

A.是　　　　B.有可能　　　　C.否

⑹會積極地自我發掘問題、思考問題，並加以解決？（　）

A.是　　　　B.有可能　　　　C.否

⑺只局限於解決問題，而不把解決問題的方法廣泛地運用於管理上？（　）

A.是　　　　B.有可能　　　　C.否

⑻只是有時間才去解決問題，而不把問題解決當作是主管重要的工作來處理？（　）

A.是　　　　B.有可能　　　　C.否

⑼使更多的人參與問題的解決，集合眾人的意見？（　）

A.是　　　　B.有可能　　　　C.否

⑽借著問題解決，重新評估主管該做的事，擴展其範圍並提高其素質？（　）

A. 是　　　　B. 有可能　　　　C. 否

3. 評分標準

選「是」的計 10 分，選「有可能」的計 5 分，選「否」的計 0 分。

4. 測評結果分析

如果你的得分≥90 分，表明你解決問題的態度非常認真，從不推卸責任，是個稱職的主管。

如果你的得分是 70～89 分，表明你的表現不錯，但還需進一步提高。

如果你的得分是 69 分以下，那你絕對應該改變你的態度，不要老是把問題推給另一個人去解決，也不要老是請求上司的幫助。

5. 改進方法

⑴不要把發生了的問題交給你的上司或推給別人，要把它當作自己該負的責任而積極地去解決。

⑵平時應該主動地探索問題，思考問題的根源所在。

⑶職責是解決問題的鑰匙，而主管應該知道自己是解決問題的重要的人物，必須具有堅定的態度。

⑷解決問題前應著手於制定計劃，這並不是形式上定個計劃而已，而是要付諸行動去執行。

⑸要給予下屬適當的幫助與指導。

⑹製造機會，讓下屬積極地參與問題的解決。

⑺借著下屬積極地努力解決問題時，發現下屬的能力，啟發其創意慾，使他能主動地思考。

培訓師講故事

◎大王態度是關鍵

戰國時期，齊王喜歡穿紫色的衣服。於是，上到文武百官，下到平民百姓，都穿紫衣，紫色成了全國的流行色。但是，紫色的衣服製作成本高，價格昂貴，這樣，紫色在全國流行以後，很快就形成了一種奢華的風氣。

齊王看到這種狀況，不免擔憂起來，於是就傳下命令，禁止百姓們穿紫色的衣服，違背者將受到嚴厲的懲罰。可是過了一段時間，齊王的命令並沒有多大的效果，穿紫色衣服的人還是很多。

齊王於是請來相國晏子，問道：「為什麼我制止不住百姓穿紫衣呢？」

晏子說：「大王，您喜歡穿紫衣，下面的人自然會仿效，這是很難制止得住的；如果您從現在開始不再穿紫衣，而且做出厭惡紫衣的樣子，這樣，不用制止，穿紫衣的人自然就會少了。」

第二天，齊王脫掉紫衣，換上了普通的衣服，而且當眾宣佈，他討厭紫色，並且遠離穿紫色衣服的人，同時對衣著簡樸的人進行表揚。

沒過多久，紫衣幾乎沒有人穿了，勤儉節約的社會風氣開始慢慢形成。

思考導向

管理者的行為對下屬有著重要的影響，要解決下屬出現的

問題，管理者應首先審視自己是否有類似的問題。

言傳不如身教，管理者要約束下屬的言行，必須首先要約束自己。

培訓師講故事

◎規勸有技巧

住著一位老媽媽。有一天，鄰居家的媳婦被婆婆懷疑偷了家裏的肉，婆婆將她趕走了。媳婦心裏很不平，向老媽媽訴說。

老媽媽聽了，勸她說：「你只管安心地走，我有辦法馬上叫你婆婆請你回家。」

說罷，便捆了一把亂麻到那鄰居家去借火，並對媳婦的婆婆說：「我家的狗因為爭吃不知從那裏叼來的一塊肉，相互廝咬，死了一隻，借個火回去蒸煮一下。」

婆婆一聽，知道怪錯人了，便馬上派人去追趕媳婦，請她回來。

思考導向

解決問題，必須抓住問題的癥結，並講究策略，不可急於求成。

解決問題的良藥不一定是頭痛醫頭、腳痛醫腳，有時需要頭痛醫腳、腳痛醫頭。

培訓師講故事

◎換種方式，不一樣的結果

　　從前有位好心的富翁，蓋了一棟大房子，他特別要求營造的師傅，把四週的房檐加倍延長，讓貧苦無家的人能在房檐下面暫時躲避風雪。

　　房子建成後，果然有許多窮人聚集在屋簷下，他們甚至擺攤子做買賣，並生火煮飯。嘈雜的人聲與油煙，使富翁不堪其擾；不悅的家人，也常與簷下的人爭吵。冬天，有個老人在富人的屋簷下凍死了，大家破口大罵富翁不仁。

　　夏天，刮起了一場颶風，別人的房子都沒事，而富翁家的房子因為屋簷特長，居然被掀了頂。村人們都說這是惡有惡報。

　　第二次，重修屋頂時，富翁要求修繕的師傅只建小小的房檐，因為他明白：施人餘蔭總讓受施者有仰人鼻息的自卑感，結果使受餘蔭的人與自己成了敵人。

　　富翁蓋了一間小房子捐給了慈善機構，並房子所能蔭庇的範圍遠比以前的房檐小，但是它四面有牆，是棟正式的屋子。許多無家可歸的人，都可以在其中獲得暫時的庇護，並會在臨走時間這棟房是那位善人捐建的。

　　果然，沒有幾年，富翁成了最受歡迎的人，即使在他死後，人們還為繼續受到他的恩澤而紀念他。

 思考導向

　　對管理者而言，僅有解決問題的良好初衷是不夠的，還要

選擇恰當的解決辦法。

在解決問題時，管理者依據的不應是自己的主觀判斷，而應是客觀的調查數據。只有把解決問題的辦法建立在客觀數據的基礎上，才能發現問題背後的問題，才能在解決一個問題後不會出現新的問題。

37 問題產生的根源

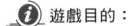 遊戲目的：

讓學員深刻認識思維固化的後果；使學員能夠識別問題產生的原因。

💲 **遊戲人數：** 不限

💶 **遊戲時間：** 25 分鐘

✈ **遊戲場地：** 室內

💶 **遊戲材料：** 無

◎ **遊戲步驟：**

1. 培訓師為學員講述下面兩個故事。

(1)煎魚的故事

有位媳婦,每次煎魚都把頭尾剁掉,婆婆看見了覺得很奇怪。終於有一天,婆婆實在忍不住了,假作不經意地問:「煎魚為什麼要去頭去尾呢?」媳婦毫不遲疑地回答:「我娘家都是這麼做的,可能是傳統吧!」

婆婆只好笑笑道:「你下次回娘家,問問你媽媽,看她知不知道原因。」媳婦心想婆婆急著要答案,便打電話回娘家。問過之後,連她自己都不好意思了。原來,當時因為鍋小,魚不去頭去尾鍋就放不下,所以一直這樣煎魚。想不到換了大鍋卻忘了原因,舊習慣一直沿襲了下來。

(2)馬屁股的寬度

美國太空梭燃料箱的兩旁有兩個火箭推進器,因為這些推進器造好之後是要用火車從工廠運送到發射點,路上要通過一些隧道,而這些隧道的寬度只是比火車軌道寬了一點。

美國的火車軌道有多寬呢?美國鐵路兩條鐵軌之間的標準距離是 1.48 米。這是以什麼為標準的呢?原來這是英國的鐵路標準。美國的鐵路最早是由英國人設計建造的。

為什麼英國人用這個標準呢?原來英國的鐵路是由建電車軌道的人設計的,而這個 1.48 米正是電車所用的標準。電車軌道標準又是從那裏來的呢?原來,最先造電車的人以前是造馬車的,而他們是沿用馬車的輪距標準。

那麼,馬車為什麼要用這個輪距標準呢?因為如果那時候的馬車用任何其他輪距的話,馬車的輪子很快會在英國的老路上撞壞的。因為這些路上的轍跡的寬度是 1.48 米。

這些轍跡又是從何而來的呢?答案是由古羅馬人所定的。因為

當時歐洲（包括英國）的老路都是由羅馬人為他們的軍隊所鋪的，而1.48 米正是羅馬戰車的寬度。如果任何人用不同的輪寬在這些路上行車的話，他的輪子的壽命都不會長。

那羅馬人為什麼以 1.48 米作為戰車的輪距寬度呢？原因很簡單，這是兩匹拉戰車的馬的屁股的寬度。現在終於真相大白：象徵著現代文明精華的美國太空梭的火箭助推器的寬度，竟然是由兩千年前兩匹馬的屁股寬度所決定的。

2. 培訓師組織學員進行問題討論。

 遊戲討論：

1. 你認為問題的產生有那些原因？

2. 你如何看待人的思維固化的後果？

3. 你通常如何來識別問題產生的原因？

4. 在工作中，你是如何突破瓶頸和禁錮，開拓思維、解決問題的？

問題產生的某種根源是人們總想用過去的思維去解決現在的問題，總想用慣有的思維去解決變化著的問題。因而，就會在一個問題解決的同時又產生新的問題。

衝破歷史的慣性和所謂「經驗」的束縛不是一個簡單的問題，企業需要那些渴望衝破規則的人。

培訓師講故事

◎這樣送禮太主觀

　　南海中有一個島，島上的人以打魚為生。島民們對付蛇很有辦法，因此遇到蛇並不驚慌失措。打死了蛇以後，島民們看看扔掉可惜，便把蛇肉烹調了來吃。這一吃，大家發現蛇肉鮮美嫩滑，特別可口，於是，蛇肉成了島民們普遍喜愛的美味佳餚。

　　有一次，一個從沒有出過遠門的南海人帶著家人到遙遠的北方去旅遊。他們一家人都愛吃蛇肉，怕到了別處吃不到這樣的美味了，就帶了不少臘制的蛇肉當乾糧。這個南海人帶著家人走了很遠很遠，最後來到了齊國，找了一家還算整潔的旅店安頓了下來。齊國人都十分好客，主人見他們從很遠的南方來，就熱情地招待他們。每天做好飯好菜給他們吃，給他們鋪床、清掃房間、洗衣服，把這個南海人一家照顧得十分週到，房錢也收得很便宜，還常常主動向他們介紹齊國的風土人情。

　　南海人受到這樣的款待，心裏很高興，同時也挺感動，於是便跟家裏人商量著要送些什麼禮物給主人，以表達感激之情。想來想去，他覺得蛇肉最合適。北方沒有這類佳餚，主人一定會喜歡的。打定了主意，他便從帶來的臘蛇肉裏挑選了一條長滿花紋的大蛇。他高興地拿著蛇去見主人，想像著主人開心的樣子。齊國在北方，很少產蛇。齊國人一見到大蛇，嚇得逃命都來不及，更別提去吃了。所以見到南海人送來的大花蛇，主人害怕得臉色都變了，吐著舌頭轉身就跑。南海人大惑不解：

主人這是怎麼了？他想了好一會，對了，一定是主人嫌禮物輕了。他趕緊叫過僕人，叫他再去挑一條最大的臘蛇乾來送給主人。

思考導向

對於不瞭解的情況，管理者應加以調查，而不能根據自己的猜想主觀臆斷。

分析問題時管理者要持有實事求是的態度，切忌依據自己的偏好和經驗亂加猜測。

培訓師講故事

◎不聽忠告釀反叛

班超久在西域，上疏希望能夠在有生之年活著進入玉門關。皇帝體恤班超年邁，便下令戊己校尉任尚替代班超的職務。

任尚對班超說：「您在西域已經三十多年了，如今由我接任您的職務，責任重大，而我的才智有限，請您賜教。」

班超說：「塞外的官吏士卒，本來就不是守法的良民，都是因為犯罪才被流放到邊境戍守，而當地人人心不穩，容易發生變故。您的個性比較嚴屬急切，要知道水太清就養不了魚，政事過於明察就不能令下屬心服。我建議您稍微放鬆一些，力求簡易，不必去追究什麼小過失，凡事只要把握住大體原則就可以了。」

班超離去後，任尚私下對親近的人說：「我還以為班超有什麼奇特的計謀，原來他說的都是一些平常的話。」任尚留守數年後，西域真的反叛了，正如班超所言。

思考導向

三人行，必有我師。對於他人的經驗，管理者只要善於對之進行分析，都可以獲得益處；而不經過分析就給予否定，最終遭受損失的將是自己。

善於分析問題者，易發現和掌握事物的規律，能找到正確的行動方向；不會分析問題者，易違背事物的發展規律，很難知道正確的道路在何方。

培訓師講故事

◎借用逃跑說答案

戰國中期有個國君叫梁惠王。為了擴大疆域，聚斂財富，他想出了許多主意，還把百姓趕到戰場上轄他打仗。

有一天，他問孟子：「我治理國家真是費盡心力了！河內遭了饑荒，我就把河內的災民遷移到河東去，把河東的糧食調到河內來。河東荒年的時候，我也同樣設法下救災。鄰國的君王還沒有像我這樣做的。可是，鄰國的百姓並沒有因此而減少，百姓也沒有因此而增加，這是什麼道理呢？」

孟子回答說：「大王喜歡打仗，我就拿打仗作比方吧。戰場上，戰鼓一響，雙方的士兵就刀對刀、槍對槍地打起來。打敗

的一方，丟盔卸甲、拖著刀槍趕緊逃命。有一個人逃了 100 步，另一個人逃了 50 步。這時候，如果那個逃了 50 步的嘲笑那個逃了 100 步的膽小怕死，你說對不對？」

梁惠王說：「當然不對。他只不過沒有逃到 100 步罷了，但同樣也是逃跑啊！」

孟子說：「大王既然懂得了這個道理，怎麼能夠希望你的百姓會比鄰國的多呢？」

思考導向

通過比喻分析問題，能使人更容易明白或理解。因此，管理者應學會運用比喻進行問題分析。

分析問題不僅要求管理者具有良好的思考能力，同樣要求管理者具備良好的表達能力。

培訓師講故事

◎他把可樂運前線

1941 年，美國捲入了第二次世界大戰，國內經濟正式納入戰爭軌道，有關戰爭的工業迅速發展，而非戰爭的工業卻漸趨蕭條。可口可樂公司因此銷售量下降了 1/3，公司董事長伍德魯夫愁得病倒在床上。

正在這時，伍德魯夫接到老同學班塞的一個電話，得知班塞在麥克亞瑟將軍麾下任上校參謀。伍德魯夫在電話裏發牢騷

道：「還是你們軍人好啊，如今你們是時代的寵兒，不像我們躺在床上養病，頭都痛死了！」

「頭痛？你們可口可樂不是『頭痛藥水』嗎？」班塞調侃道，接著又認真地說道，「說真的，我打電話給你，不是想你，而是想可口可樂了。在前線熱得要命，士兵們都想喝可口可樂！」

接到這個電話後，伍德魯夫一骨碌從床上爬了起來，他的頭馬上不痛了。他想，如果能夠把可口可樂運到前線，那是一個多麼大的市場！後來，他主動找到了國防部的相關人員。

國防部對伍德魯夫的提議根本不感興趣。於是，伍德魯夫編寫了一份小冊子。他借用軍人之口寫道：「烈日當空，揮汗如雨。我們在這樣的環境中執行軍事任務，個個口乾舌燥，此時此刻，我們最需要的，就是家鄉經常能喝到的可口可樂。它是我們戰地生活的必需品，與槍炮、彈藥、罐頭、麵包同等的重要！」

在記者招待會上，伍德魯夫散發了大量小冊子，不僅贏得了記者、軍人家屬們的支持，後來也終於獲得了國會議員和國防部官員的理解。國防部最終同意採購可口可樂作為軍需品。到「二戰」結束時，可口可樂共被美軍消費了50億瓶之多。

隨著美軍行動範圍的擴大，這個可口可樂品牌也被更大的國外市場所知曉。

思考導向

環境條件的變化既會引發問題，也會帶來機會。管理者解決此類問題的最好方式，就是將其轉化為機會。

問題與機會有時是對立統一的，因此，管理者不能只看二者的對立面，還要能找到二者之間的聯繫，看到其統一的一面。

38 失蹤了的 10 文錢

遊戲目的：

提高學員識別和分析問題的能力，讓學員認識到思考方向的重要性。

遊戲人數：不限

遊戲時間：15 分鐘

遊戲場地：室內

遊戲材料：印有題目的試卷

遊戲步驟：

1. 培訓將印有以下內容的試卷分發給學員。

從前，有 3 個窮書生進京趕考，途中投宿在一家旅店中。這間旅店的房價是每間 450 文，3 個人決定合住一間，於是每人向店老闆支付了 150 文錢。

後來，老闆見 3 個人可憐，又優惠了 50 文，讓店裏的夥計還給三人。夥計心想：50 文錢 3 個人如何分？於是自己拿走 20 文，將剩餘的 30 文錢還給了 3 個書生。

問題出來了：每個秀才實際上各支付了 140 文，合計 420 文，加上店小二私吞的 20 文，等於 440 文。那麼，還有 10 文錢去了那裏？

2.請學員們分析「失蹤的 10 文錢」到那兒去了。

參考答案：

錢並沒有丟，只是計算的方法錯誤。店小二拿去的 20 文錢就是 3 個秀才總共支付的 420 文錢中的一部分。

420 文減去 20 文等於 400 文，正好是旅店入賬的金額。420 文加上退回的 30 文錢，正好是 450 文，這才是 3 個人一開始支付的房錢總數。

遊戲討論：

將不是問題的事物錯誤地看做問題，就是最大的問題。所以，不斷提高管理者的問題識別能力至關重要。

一件簡單的事情，一個簡單的問題，如果思考的方向出了問題，就會大傷腦筋，陷入迷茫。

培訓師講故事

◎批評為何難出現

晏子辭世 17 年後的一天，齊景公宴請各位大臣。酒席上，君臣舉杯助興，高談闊論，直到下午才散。酒後，君臣餘興未盡，大家提出一起射箭比武。輪到齊景公時，他舉起弓箭，可是一支箭也沒射中靶子，然而大臣們卻在那裏大聲喝彩道：「好箭！好箭！」

景公聽了，很不高興，他沉下臉來，把手中的弓箭重重摔在地上，深深地歎了一口氣。

正巧，弦章從外面回來，見此情景，連忙走到景公身旁。景公傷感地對弦章說：「弦章啊，我真是想念晏子啊。晏子死了已經 17 年了，從他死以後，就再也沒有人願意當面指出我的過失。剛才我射箭，明明沒有射中，可他們卻異口同聲一個勁地喝彩，真讓我難過呀！」

弦章聽了，深有感觸。他回答景公說：「這就是大臣們的不賢啊。論智慧，他們不能發現您的過失；談勇氣，他們不敢向您提意見，唯恐冒犯了您。不過呢，話又說回來了，我聽說過這麼一句話，就是『上行下效』。國君喜歡穿什麼衣服，臣子就學著穿什麼衣服；國君喜歡吃什麼東西，臣子也學著吃什麼東西。有一種叫尺蠖的小蟲子，吃了黃色的東西，它的身體就變成黃色；吃了藍色的東西，它的身體就又變成藍色。剛才您說，17 年來沒有人再指出過您的過失，這是否是因為晏子去世後，您就不再喜歡聽人家批評您，而只喜歡聽奉承話所造成的呢？」

一席話說得齊景公心裏亮堂了，他不好意思地點點頭說：「太好了，今天這一番話，讓我豁然開朗。這次是你做了先生，我做了學生了。」

思考導向

管理者應知道，自己的偏好對下屬有著十分重要的影響。對於下屬身上存在的問題，管理者首先應分析自己是否對該問題的產生施加了影響。

管理者進行問題分析的難點之一，就在於事物問存在著的複雜的聯繫。這就要求管理者要有系統分析問題的觀念。

培訓師講故事

◎兩者豈能相混談

惠施的學問很淵博，魏王經常聽他講學，十分讚賞他的博學。同時，惠施對魏王也很忠誠。

那一年，魏國的宰相死了，魏王急召惠施。惠施接到詔令，立即起身，日夜兼程直奔魏國都城大樑，準備接替宰相的職務。惠施一個隨從也不帶，走了一程又一程，途中，一條大河擋住去路。惠施心裏記掛著魏王和魏國的事情，心急火燎，沒等船來就涉水過河。結果，過河時一失足跌落水中。由於惠施水性不好，他一個勁地在水裏撲騰著，眼看就要沉入水底，情況十分危急。正在這時，幸虧有個船家趕來，將惠施從水中救起，

才保住了惠施的性命。

船家請惠施上了船，問道：「既然你不會水，為什麼不等船來呢？」

惠施回答說：「時間緊迫，我等不及。」

船家又問：「什麼事這麼急，讓你連安全也來不及考慮呀？」

惠施說：「我要去做魏國的宰相。」

船家一聽，覺得十分好笑，再瞧瞧惠施落湯雞般失魂落魄的樣子，臉上露出了鄙視的神情。他恥笑惠施說：「看你剛才落水的樣子，可憐巴巴的只會喊救命，如果不是我趕來，恐怕連性命都保不住。像你這樣連游水都不會的人，還能去做宰相嗎？真是太可笑了。」

惠施聽了船家這番話，十分氣惱，他很不客氣地對船家說：「要說划船、游水，我當然比不上你；可是要論治理國家、安定社會，你同我比起來，大概只能算個連眼睛都沒睜開的小娃娃。游水能與治國相提並論嗎？」

一番話，說得船家目瞪口呆。

思考導向

事物間的聯繫是有規律可循的，因此，管理者在分析問題時不能對事物亂加聯繫。

不同性質的事物不可進行橫向比較，管理者分析問題時應當謹慎運用橫向比較。

培訓師講故事

◎原因結果弄混亂

從前有個人，辦事情很糊塗，從不動腦筋想一想，常做出些可笑的事情來。

有一次這個糊塗人出門去辦事。當時正值酷暑，天氣熱得厲害，太陽掛在天上，毒毒地炙烤著大地，一刻也不肯停息。知了扯開嗓子拼命地叫喚：「熱啊！熱啊！」這麼熱的天，他卻在頭上扣了一頂氈帽。

走到半道上，這個人熱得簡直不行了：渾身上下的衣服讓汗給浸了個透，頭上更是不停地往下滾豆大的汗珠，連眼睛都睜不開。這人一邊擦汗，一邊四下裏看有沒有可以坐下來歇歇腳、乘乘涼的地方。

忽然他遇到一棵大樹，趕忙過去在樹蔭下乘涼。他想找樣東西扇扇風，摘了片樹葉，太小，不行；又抖抖衣服，衣服早濕透了，扇不起來。他一下子想起了什麼，一把摘下頭上的氈帽扇了起來，風果然大多了。

一個過路人問他說：「大熱天的，你戴頂氈帽，難道不覺得熱嗎？」

他聽了，跟人家翻了一個白眼說道：「你懂什麼！今天如果沒有這頂帽子扇風，我一定會熱死了！」

 思考導向

在問題分析過程中，管理者如果弄不清事物的因果關係，

就很可能會因果倒置，做出是非顛倒的舉動。因此，分析問題應當具備良好的因果關係判斷能力。

問題產生時，管理者採取措施也許能將其解決；但如果管理者事後不及時分析問題產生的原因，將無法保證同樣的問題不會再次產生。

培訓師講故事

◎利用落後來掙錢

日本已成為經濟強國，但在日本一個偏僻的山區裏，有一個小山村因山路崎嶇，幾乎與世隔絕，幾十戶人家僅靠少量貧瘠的山地過日子，經濟十分落後，生活極為貧苦。

全村人雖然也想脫貧致富，卻一直苦於無計可施。

一天，村裏來了一位精明的商人，他立即感到這種「落後」本身就是一筆寶貴的商業資源，便向村裏的長者獻了一條致富的計策。

於是，長者馬上召集全村人，對村民們說：「如今，都是什麼年代了，咱村的人還過著和原始人差不多的生活，我們深感內疚和痛心！不過，大都市裏的人過著現代化生活的時間長了，一定會感覺乏味。咱不妨走回頭路，乾脆過原始人的生活，利用咱的『落後』，定會招來許多城裏人。咱們呢，也可借此機會來做生意賺錢。」這一計謀博得全村人的喝彩。

從此，全村人便開始模仿原始人的生活方式，在樹上搭房，

披獸皮,穿樹葉紡織的衣服。

不久,那位商人便向日本新聞界透露了他發現這個「原始人」小部落的秘密,立即引起了社會各界的轟動。

從此,成千上萬的人都慕名而至,參觀者絡繹不絕,眾多的遊客為小山村帶來了可觀的財富。

有經營頭腦的人來這裏修公路、造賓館、開商店,將這裏開闢為旅遊點。小山村的人趁機做各種生意,終於富裕起來了。

過了若干年,這裏的居民白天上樹已成為一種職業。晚上他們回到地面,脫掉獸皮做的衣服,穿上現代時髦的服裝,住進建築在景點週邊的豪華住宅裏,過上了現代生活。

思考導向

事物都是利弊共存的。在觀察事物時,管理者不能只看到弊的一面,也要學會利用利的一面。

解決問題的過程,很多時候就是一個創新的過程。具有創新精神的管理者,更容易找到有效的問題解決方法。

39 怎樣巧妙來等分

遊戲目的：

開拓學員思維，增長學員智慧。

讓學員通過遊戲學會分析問題。

遊戲人數：不限

遊戲時間：6 分鐘

遊戲場地：室內

遊戲材料：印有題目的試卷

遊戲步驟：

1. 如下圖所示，有一個大正方形，被均勻地分成了 4 個小正方形，每個小正方形的面積是大正方形的 1/4。

2. 而其中 3 個小正方形都被截去了一個相當於小正方形 1/4 面積的圖形（陰影部分），則出現 A、B、C、D4 個圖形（非陰影部分）。

3. 請分析並做出下列題目。

(1)怎樣將圖形 A 兩等分（平均分成大小、形狀相等的兩部分）？

(2)怎樣將圖形 B 三等分？

(3)怎樣將圖形 C 四等分？

(4)怎樣將圖形 D 五等分？

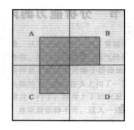

參考答案：

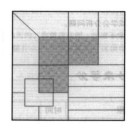

 遊戲討論：

　　越是複雜的問題，越需要透徹的分析。通過分析問題，人們可以明確問題的關鍵，決定問題解決的方向。

　　管理者要善於對複雜問題進行綜合分析，分清主要問題和不可解決的問題。

◎委婉辯解學膳吏

晉文公在位的時候，曾遇到過一起發生在自己身邊的陷害案。

某日，一個侍從在禦膳間端了一盤烤肉，恭恭敬敬送到晉文公面前請其就餐。晉文公拿起餐刀正準備切肉嘗鮮，忽然發現肉上粘著不少頭髮。他立即放下手中的小刀，命人去找膳吏。

那個膳吏看到傳召的侍從臉色不好，一路上不停地捉摸這次晉文公召見自己的原因：究竟是剛送去的烤肉火候不夠，還是燒烤時用料不當、口味欠佳呢？

他那知道一見到晉文公就遭到一陣責罵：「你是存心想噎死我嗎？為什麼在烤肉上放這麼多頭髮？」

膳吏一聽，原來發生了一件自己沒有料到的禍事。雖然他明知道這件事裏面有鬼，但在君王的氣頭上是不能辯白的。否則如果把握不好，很容易招致橫禍。因此，膳吏急忙跪拜叩頭，口中卻似是而非、旁敲側擊地說道：「請君王息怒，奴才真是該死。烤肉上纏著頭髮，我有三條罪責。我用最好的磨刀石把刀磨得比利劍還快，它能切肉如泥，可就是切不斷毛髮，這是我的第一大罪過。我在用木棍去穿肉塊的時候，竟然沒有發現肉上有毛髮，這是我的第二大罪過。我守著炭火通紅、烈焰炙人的爐子把肉烤得油光可鑑、吱吱有聲、香味撲鼻，然而就是烤不焦、燒不掉肉上的毛髮，這是我的第三大罪過。不過我還想補充一句，您是一位明察秋毫的賢明君主，您能不能把堂下的

臣僕觀察一遍，看看其中是否有恨我的人呢？」

晉文公覺得膳吏所言話外有音，所以對案情產生了一點懷疑。他立即召集屬下進行追問，結果不出膳吏所料，真的找出了那個想陷害膳吏的壞人。

 **思考導向**

管理者消除他人誤解的最好方式，不是立即直言陳辯，而是委婉地說明真實情況。對他人說明實際情況時，

管理者應抓住矛盾之處進行多角度陳述，從而使問題不言自明。

培 訓 師 講 故 事

◎齊國晏子進諫有絕技

齊桓公稱霸後國家很強盛。後來到了齊景公做國君的時候，齊國出現了一個很有才幹的相國，他的名字叫晏嬰。他既有豐富的知識，又聰明機敏。他關心老百姓的疾苦，敢於批評國君的錯誤，是齊景公的得力助手。老百姓都尊敬地叫他「晏子」。

齊景公好酒貪杯，一次，他一連喝了七天七夜。大夫弦章進諫說：「您喝了七天七夜的酒，我希望您停止！不然的話，就賜我死。」

之後晏子朝見，景公對他說：「弦章勸誡我說：『希望您停

止飲酒！不然的話，就賜我死。』如果聽他的勸告，那我就被臣下控制了；假如不聽，我又捨不得處死他。」

晏子回答說：「弦章遇到您這樣的國君，真是幸運！假使遇到夏桀王、殷紂王那樣的暴君，弦章早就被處死了。」於是齊景公就停止了飲酒。

齊景公特別喜歡鳥。有一次他得到了一隻漂亮的鳥，就派一個叫燭鄒的人專門負責養這只鳥。可是幾天後，那只鳥飛了。齊景公氣壞了，要親手殺死燭鄒。晏子站在一旁請求說：「是不是先讓我宣佈燭鄒的罪狀，然後您再殺了他，讓他死得明白？」齊景公答應了。

晏子板著臉，嚴屬地對被捆綁起來的燭鄒說：「你犯了死罪，罪狀有三條：大王叫你養鳥，你不留心讓鳥飛了，這是第一條；使國君為一隻鳥就要殺人，這是第二條；這件事如果讓其他諸侯知道了，都會認為我們的國君只看重鳥而輕視人的性命，從而看不起我們，這是第三條。所以現在要殺死你。」

說完，晏子回身對齊景公說：「請您動手吧。」

聽了晏子的一番話，齊景公明白了晏子的意思。他乾咳了一聲，說：「算了，把他放了吧。」接著，走到晏子面前，拱手說：「若不是您的開導，我險些犯了大錯呀！」

思考導向

指正他人錯誤所採用的方式，決定著對方是否能夠接受正確意見、改正錯誤。因此，管理者指正他人錯誤時，應講究方式方法。

幫助他人認清錯誤，管理者就應讓對方看到錯誤所帶來的

不良後果以及給其利益造成的損害，這樣才能促使其主動接受
正確意見、改正錯誤。

培 訓 師 講 故 事

◎盲人如何買到剪刀

一個教授向一群學生出了這麼一道考題：一個聾啞人到五
金商店買釘子。他先用左手作持釘狀，捏著兩手指放在櫃檯上，
然後右手作錘打狀。售貨員先遞過一把錘子，聾啞顧客搖了搖
頭，指了指作持釘狀的兩個手指，這回售貨員終於拿對了。這
時候又來了一位盲人顧客……

「同學們，你們能否想像一下，盲人將如何用最簡單的方
法買到一把剪子？」教授問道。

「哦，這很簡單，他只要伸出兩個指頭模仿剪子剪布的模
樣就可以了。」一個學生答完，全班表示同意。

教授說：「其實答案是，盲人只要開口說一聲就行了。」

思考導向

思維慣性是影響管理者有效解決問題的重大殺手。因此，
在解決問題時，管理者應努力克服思維慣性的影響。

在解決問題的道路上，管理者如果無法及時克服思維慣性
的影響，將很難找到問題解決的正確方向。

40 解決方法測評

1. 測評目的

⑴制定計劃解決問題。

⑵製造促進解決的氣氛。

2. 測評說明

⑴確認目前的問題傾向。

身為問題解決者，主管必須經常確認問題。

在探討問題，應該先重新評估與分析工作成效好壞的原因，然後再提出意見與注意事項。能聽取或採納別人的意見，就能促進問題的解決。

3. 測評題

請根據你的實際情況作答。

⑴是否理解上司對問題解決的看法？上司對你解決問題的期待，你是否努力去實踐？（　）

　　A.是　　　　　B.尚可　　　　　C.否

⑵你是否將目前正在處理的問題劃分為已發生的問題、發現的問題、想到的問題？（　）

　　A.是　　　　　B.尚可　　　　　C.否

⑶是否定期地（例如月底）重新評估問題，並且決定問題解決的順序？（　）

　　A.是　　　　　B.尚可　　　　　C.否

⑷是否為了避免遺漏問題，指定自己或下屬為承辦人，有計劃

地去解決問題？（　）

　　A.是　　　　　B.尚可　　　　　C.否

　　⑸向上司呈報問題時，是否積極參與解決，而且對解決方法能提出意見？（　）

　　A.是　　　　　B.尚可　　　　　C.否

　　⑹與其他相關的管理者或人員所共有的問題，是否能共同解決，並想出可以獲得必要協助的方法？（　）

　　A.是　　　　　B.尚可　　　　　C.否

　　⑺是否採用與下屬共同解決問題的方法，例如讓下屬解決問題、分派問題給下屬等，讓下屬參與「問題解決小組」？（　）

　　A.是　　　　　B.尚可　　　　　C.否

　　⑻為了促進下屬積極地努力去解決問題，是否致力使集團活動活潑化，例如在舉辦問題解決發表會、例會時，讓下屬發表他們察覺到的問題？（　）

　　A.是　　　　　B.尚可　　　　　C.否

　　⑼為了促進與相關部門(小組)共同解決問題，是否會相互提出問題，提供信息、資料？（　）

　　A.是　　　　　B.尚可　　　　　C.否

　　⑽是否能制遺出一個可以積極努力解決問題的職責氣氛？（　）

　　A.是　　　　　B.尚可　　　　　C.否

　4.評分標準

　　選「是」的計10分，選「尚可」的計5分，選「否」的計3分。

　5.測評結果分析

　　如果你的得分是90～100分，表明你解決問題的方法正確，且靈活多樣。

如果你的得分為 70～89 分，表明你的表現一般，透過努力學習，還可以不斷提升自己。

如果你的得分為 69 分以下，那麼你要多費心思學習方法。

培訓師講故事

◎丈夫買香有失算

很久很久以前，玉池國有這麼一對夫婦：丈夫五短身材，塌鼻樑，朝天鼻孔，嘴巴大得嚇人，眼睛卻小得看不見，真是奇醜無比，而妻子卻正相反，柳葉眉，杏仁眼，瑤鼻櫻口，身段苗條，可謂是天生麗質、婀娜多姿。但她也有一樣不盡人意的地方，那就是鼻道不通，失去了嗅覺，聞不到氣味，就連香與臭都辨別不出來。

妻子嫌丈夫實在生得太醜，滿腹哀怨，自歎倒楣，一點都不願意見到丈夫，更別提和他一起相親相愛過日子了。所以她雖說過了門，卻沒和丈夫呆上幾天，就跑回娘家去了，常年呆在那裏，怎麼也不願回去和丈夫相聚。丈夫自然是對這位美貌的妻子喜歡得不得了，見妻子不願意和自己在一起，苦惱極了，只恨自己天生一副醜模樣。究竟用什麼辦法才能討得妻子的歡心，好把她從娘家接回來，再不跑回去呢？丈夫天天思前想後，簡直絞盡了腦汁。

一次，丈夫到市場上去買東西，人很多，川流不息，叫賣聲、討價還價聲響成一片。忽然，一種氣味穿透嘈雜直透丈夫的鼻孔。「啊，真香啊！」他不由得用力吸了幾口氣。循香味過

去一看，原來是一個西域來的商人正在出售一種名貴的西域熏香，價格高得嚇人。

丈夫心裏盤算著：「價錢是貴了些，不過也還算是物有所值。買上一些回去，把妻子接回來讓她聞聞，她肯定會高興的，就不會再走了。只要能討得妻子的歡心，花多少錢都行啊！」丈夫這麼美滋滋地想著，好像就看見嬌妻站在眼前微笑，毫不猶豫地買下了熏香。

丈夫一回到家裏，就忙不迭地取出熏香點上。不久，屋裏果然彌漫了一股芬芳的異香，讓人聞了頓覺神清氣爽、精神抖擻。丈夫想這下可算好了，高高興興地收拾東西上岳父家接妻子去了。

可憐的丈夫只怕這次又要失敗，他忘了妻子的鼻子根本嗅不到香味，是沒有辦法感受到他的心意的。

思考導向

要想成功給他人以驚喜，就得瞭解對方的真實喜好，如果不經過調查分析就以自己的臆想來判斷對方的想法，只會事與願違、白費心思。

要想讓問題得到有效解決，需要對問題的本質進行認真分析，抓住關鍵所在，這樣才能一擊中的。

◎老鼠被滅

　　某地有個男子，獨自一個人生活。他用蘆葦和茅草蓋起了小屋住在裏面，又開墾了一小塊荒地，用自己的雙手種了些莊稼，打下糧食來養活自己。時間久了以後，豆子、稻穀、鹽和乳酪等東西都可以自給自足了，不用依賴任何人。他每天下地耕作，閒的時候就出去走走，過得倒也逍遙自在。

　　可是有一件事卻讓他發愁，那就是老鼠成災。也不知道是從那裏來的一幫老鼠，日子不長便成倍地增長。白天，它們成群結隊地在屋裏跑來跑去，在房梁間上躥下跳地吱吱亂叫，打壞了不少東西。到了夜裏，老鼠鬧騰得更歡了，它們鑽進食櫥、跳上桌子、跑進箱子裏，見東西就咬，咬破了好些衣服和器具，偷吃了東西不算，還把吃不完的拖回洞裏去慢慢享用。一鬧常常就是一整夜，吵得這個男子覺也睡不好，白天下地都沒有精神。

　　他想了好多辦法來治鼠，用藥啦、下夾子啦都試遍了，可就是沒有一個特別有效的法子。這位男子對老鼠越來越煩，火氣越來越大，苦惱極了。

　　有一天，這個男子喝醉了酒，困得要命。他跟跟蹌蹌地回到家，打算好好睡上一覺。可是他的頭剛剛挨上枕頭，就聽見老鼠「吱吱」的叫聲。他實在太困了，不想和老鼠計較，就用被子包上頭，翻個身繼續睡。可老鼠卻不肯輕易甘休，竟鑽進被子裏張嘴啃起來。這男子用力拍了幾下被子，指望把老鼠趕

跑再睡。

　　果然安靜了一會兒。可他忽然聞到一股叫人噁心的腥臊味，一摸枕邊，竟然是一堆鼠尿！被老鼠這麼變著法子折騰，他再也忍受不下去了，一股怒氣直沖頭頂。借著酒勁，他翻身下床，取了火把四處燒老鼠，房子原本是茅草蓋的，一點就著，火勢迅速蔓延開來。老鼠被燒得四處奔跑。火越燒越大，老鼠終於全給燒死了，可屋子也同時被燒毀了。

　　第二天，這男子酒醒後，才發現什麼都沒有了。他茫然四顧無家可歸，後悔也來不及了。

思考導向

　　遇到問題一定要冷靜分析，想個週全的辦法去加以解決。若憑一時的衝動恣意蠻幹，結果只會得不償失。

　　解決問題的最終目的是為工作更順利地開展，管理者不能捨本逐末，只為解決問題而解決問題，而不考慮方法是否得當。假如採用了不當的方法，即使問題得以解決，也會造成不必要的損失。

培訓師講故事

◎蜈蚣得了關節炎

　　有一隻蜈蚣得了關節炎，它去向聰明的老鷹尋求幫助。

　　老鷹說：「蜈蚣老弟，你有一百隻腳，全部都腫起來，如果

我是你的話，一定會把自己變成一隻鸛鳥，因為鸛鳥只有兩隻腳，這樣就可以減掉百分之九十八的痛苦。如果你使用你的翅膀，就可以不必完全用到你的腳。」

蜈蚣覺得很高興，它說：「我毫不猶豫地接受你的建議，現在請你告訴我，我要怎麼去改變？」

「喔！」那只老鷹說：「我不知道全部細節，我只是擬訂一般的策略。」

思考導向

如果解決問題的策略永遠變不成現實，不可執行，這種策略就是異想天開，沒有太大的實際價值。

管理者既要重視戰略制訂，又要重視戰略實施，只有可以執行的戰略才可以稱得上是完美的戰略。

41 應該如何來分錢

遊戲目的：
讓學員在遊戲中拓展思維。
提高學員的問題分析能力。

遊戲人數：不限

£ 遊戲時間：15 分鐘

✈ 遊戲場地：室內

€ 遊戲材料：印有題目的試卷、紙、筆

遊戲步驟：

1. 培訓將印有以下內容的試卷分發給學員。

張三和李四用 48 元錢共同購買了一個西瓜，張三出了 30 元錢，李四出了 18 元錢，他們約定按照出資比例來分西瓜。正在此時，王五從這裏經過，他們兩人以 48 元的價格把西瓜的 1/3 賣給了王五。王五走後，張三和李四平分了剩下的西瓜。請問，他們應該如何來分錢呢？

2. 讓學員在紙上寫出分配方案及其思考過程。

參考答案：

按照出資比例，張三應該獲得整個西瓜的 30/48，李四應該獲得整個西瓜的 18/48。可以首先按出資比例把錢分給張三 30 元，給李四 18 元。在剩下的 2/3 的西瓜中，李四也分食了一半，因而，他多分食了 $2/3 \times (1/2 - 9/24) = 1/12$。所以他需要付張三 4 元錢。因此，張三應分得 34 元，李四應分得 14 元錢。

♺ 遊戲討論：

問題分析就是要找到問題產生的根本原因，並找到解決問題的依據。

不同問題有不同的解決方案，甚至同一問題也會有不同的解決思路，所以管理者要一切從實際出發，具體問題具體分析。

培訓師講故事

◎窠破誰會去修

烏鴉兄弟倆同住在一個窠裏。

有一天，窠破了一個洞。大烏鴉想：「老二會修的。」小烏鴉想：「老大會修的。」結果兩隻烏鴉都沒有去修。

後來，洞越來越大了。大烏鴉想：「這下老二一定會去修了，難道窠這樣破了它還能住嗎？」小烏鴉想：「這下老大一定會去修了，難道窠這樣破了它還能住嗎？」結果又是誰也沒有去修。

一直到了嚴寒的冬天，西北風呼呼地刮著，大雪紛紛地飄落。烏鴉兄弟倆都蜷縮在破窠裏，哆嗦地叫著：「冷啊！冷啊！」

大烏鴉想：「這樣冷的天氣，老二一定耐不住，它會去修的。」小烏鴉想：「這樣冷的天氣，老大還耐得住嗎？它一定會去修的。」可是誰也沒有動手，只是把身子蜷縮得更緊些。

風越刮越大，雪越下越大。結果，窠被風吹到地上，兩隻烏鴉都凍僵了。

思考導向

管理者獲知他人想法的可靠做法，不是猜想，而是要溝通。

溝通是團隊合作解決問題的有效手段；缺乏溝通的團隊，在解決問題時大多會表現出低效率與不作為。

培 訓 師 講 故 事

◎鋤錯草的好心驢

牛因為外出搞運輸，田裏長滿了草。這天，牛下地鋤草，驢子對牛說：「牛大哥，我反正沒事，幫你去鋤草吧！」

「好啊，那我真要謝謝你了。」

牛和驢分頭在田裏鋤啊鋤，鋤了半天，各自鋤好了一大片。

「老驢，收工歇歇，肚子餓了吧。」

牛一邊喊著一邊朝驢子走過去，一看驢子鋤的地，不禁大聲叫了起來：「老驢，你這是幹什麼啊？我們要鋤掉的是野草，你怎麼把野草和蠶豆、元麥一起鋤掉了呢？」

「什麼？這沒膝高的綠東西裏還長有蠶豆、元麥？我還以為都是該鋤掉的野草呢！這怎麼辦呢？牛大哥，我是一片好心啊。」

思考導向

溝通是提高工作效率的重要保證。如果工作中缺乏溝通，管理者很可能會事倍功半，甚至勞而無功。

某項任務由多人合作完成時，充分的溝通有利於明確各自的工作事項及雙方的協作關係，是行動前的必要環節。

◎巧勸秦王來割地

一次，齊、韓、魏三國合力攻打秦國，已經打到了函谷關，秦昭王想割地求和，又下不了決心，於是找謀士樓緩和公子池商量。

公子池知道秦王的心理，就對他說：「這件事，大王講和也後悔，不講和也後悔。」

「為什麼？」

「割了地，三國軍隊撤走了，大王一定會說：『可惜呀，三國軍隊撤退了，我是白送了三座城池。』這是講和的後悔。若是不講和，一旦三國軍隊攻入函谷關，大王又會說：『可惜呀，當初我為什麼捨不得三座城池呢？』這是不講和帶來的後悔。」

公子池的話暗暗加重了不講和所存在的危險性。秦昭王拍案而起：「反正都是後悔，我寧可失了河東之城也不願丟了咸陽。割地求和，定了。」

思考導向

他人向自己徵求意見時，管理者在某些情況下不應直接告訴對方怎麼做，而應為其分析利弊得失，讓其自己做出決策。

在與他人溝通的過程中，管理者要學會站在他人的角度進行思考和表達，從而使自己的意見更容易為對方所理解和接受。

培訓師講故事

◎要得珍珠先為善

　　從前，有一個海島，島上有很多沉積了多年的大顆的珍珠，價值都非常高。可誰也無法接近這個海島，只有棲息在海岸附近的海鳥能飛行來到這個島上。

　　很多人慕名而來，他們帶著槍支彈藥，捕殺飛回岸邊的海鳥。因為這種海鳥每到白天都會飛到島上去吃那些珍珠。

　　時間長了，海鳥漸漸地滅絕，剩下的幾隻也過得膽戰心驚，只要一聞到人的氣息、看到人的蹤影，就會早早地逃走。

　　後來，來了一個很有智慧的商人，他在海岸附近買下大片的樹林，並在樹林週圍圍上柵欄，不讓閒雜人等走進他的樹林。同時，他嚴屬告誡他的僕人，不許在樹林裏捕捉或驅趕海鳥，更不許放槍。

　　於是，當海岸其他地方的槍聲一響，就會有海鳥在驚慌逃竄中不經意闖進他的樹林。時間一長，海鳥漸漸地都留在他的樹林裏棲息。它們也因此不必再為安全而戰戰兢兢。

　　等海鳥在他的樹林裏逐漸安定下來的時候，他開始用各種糧食果實等做成味道鮮美的食物，撒給這些海鳥吃。海鳥貪吃這些食物，吃得十分飽，就把肚中的珍珠全部吐了出來。

　　日復一日，這個商人就成了億萬富翁。

思考導向

　　在解決問題時，管理者不能急功近利，更不能採用殺雞取

卵的做法。

面對問題，管理者應知道，只有可持續性的行為才能使問題朝著良性循環的方向發展。

42 任務傳達的問題

🛈 遊戲目的：

讓學員知道在任務傳達過程中信息會失真。

讓學員認識利用溝通解決問題的重要作用。

🅢 遊戲人數：10 人

🅔 遊戲時間：45 分鐘

✈ 遊戲場地：室內

€ 遊戲材料：隔板 4 塊

遊戲步驟：

1. 將 10 人分成兩組，每組 5 人。

2. 每組中的 5 人分別扮演總經理、副總經理、部長、主管和員工 5 種角色。將他們按照總經理→副總經理→部長→主管→員工的

順序用 4 塊隔板隔開。

　　3. 讓總經理向副總經理傳達一項較為複雜的工作任務，副總經理向部長傳達此任務，以此類推，部長向主管，主管向員工傳達此工作任務（在遊戲中，另一組的人員保持安靜，不得說話或發出笑聲等）。

　　4. 最後由員工向總經理敘述他所聽到的各項任務。

　　5. 兩組順序完成遊戲後，培訓師組織學員進行討論。

　遊戲討論：

　　1. 扮演員工角色的學員的回饋是否符合總經理的原意？

　　2. 你認為你能否完全記住並理解上級交待的工作任務？

　　3. 通過這次遊戲，你認為上級應該如何將任務完整地傳達給下屬？

培訓師講故事

◎張遼巧言勸關羽

　　東漢末年，曹操討伐劉備。劉關張在混戰中失散，桃園三結義的關羽，被曹操包圍在一座土山上。曹操很愛惜關羽的才能，可是關羽是個忠義之士，只願戰死，不願投降，該怎麼勸他投降呢？顯然，靠正常的方法是不行的，關羽早已決心以死相拼，不吃這一套。

　　張遼出面了，他一人騎馬來見關羽。

　　關羽：「文遠(張遼)是來與我為敵的嗎？」

張遼：「不是，我是懷念過去我們的交情，特來與你相見。」

關羽：「文遠莫非是來說服我投降的？」

張遼：「不是。過去兄長你曾經救過我，我特來報答兄長。」

關羽：「那麼你是不是想幫助我呢？」

張遼：「也不是。」

關羽：「既然不是幫助我，你來這裏做什麼？」

張遼：「不知道玄德(劉備)是生是死，也不知道張飛的下落，昨夜曹公(曹操)已經攻破城池，並沒有傷害老百姓，並派人保護玄德家眷。曹公特讓我來告訴你。」

關羽發怒：「這些話不就是來說服我投降嗎？我現在雖然處於絕地，但絕不貪生怕死，你現在馬上回去，我們戰場上見。」

張遼大笑：「兄長此言豈不是讓天下人笑話嗎？」

關羽：「我是為忠義而死的，怎麼會被天下人笑話？」

張遼：「你現在死了，有三條罪過。」

關羽：「你說說我有那三條罪過？」

張遼：「當初玄德與你結義之時，誓同生死；現在玄德剛剛打了敗仗，而你就戰死了，倘若玄德要重整旗鼓，需要你幫助時卻得不到你，這不是違背了當年的盟誓嗎？這是第一條罪過。玄德把家眷託付給你，你想，你戰死後兩位夫人(劉備的妻子)失去了依靠，這就辜負了玄德的重托呀，這是第二條罪過。你武藝超群，兼通經史，不思考怎樣與玄德報效國家，卻逞匹夫之勇，這是第三條罪過。你有這三條罪過，我不得不告訴你。」

關羽默然，回道：「你說我有三條罪過，想讓我怎麼做呢？」

張遼：「現在四面都是曹公之兵，若不投降，一定會死。白白戰死沒有任何好處，不如先投降曹公，然後打聽玄德的消息，

知道了他在何處，再去找他。這樣做，一是可以保全二位夫人，二是不違背桃園之約，三是可以留有用之身。有這三方面的好處，你好好考慮考慮。」

關羽聽後覺得有理，便投降了。

思考導向

說服他人的時候，管理者應當清楚對方的性格特點與價值觀念，然後方能找到有針對性的溝通方式。

說服他人時，管理者應當進行換位思考，站在對方的角度為其分析利弊得失，從而使自己的話更易為對方所接受。

培訓師講故事

◎姚崇巧語敗政敵

魏知古開始只是一般官吏，後來受到姚崇的引薦和重用，二人同時升為宰相。

不久，姚崇請魏知古代理吏部尚書，負責到洛陽選拔士曹，作為吏部尚書宋璟的門下赴職。

當時，姚崇的兩個兒子都在洛陽任職，魏知古到洛陽選士，二人就依恃自己父親的權勢，多方示意請魏知古關照。

魏知古回到京城，把這事告訴了皇上。一日，玄宗召見姚崇，問：「你的兒子有才幹嗎？都做了什麼官，又在那裏任職呢？」

　　姚崇揣摩出玄宗的話的意思後就說:「臣的兩個兒子都在洛陽任職,他們言行不謹慎,此次一定因什麼事去拜謁了魏知古,然而臣還未來得及問這事。」

　　玄宗本來想試探姚崇,看他是否袒護兒子,聽姚崇這樣回答,很高興,說:「你怎麼知道?」

　　姚崇說:「魏知古貧賤時,是我引薦了他,他才達到今天這麼榮耀顯達的地位。我的兒子愚蠢,推想魏知古必報德,會容忍他們的非份行為,因此一定拜謁過他。」

　　唐玄宗明白姚崇不偏袒自己兒子的過錯,唐玄宗反而鄙薄魏知古的無情無義。不久,玄宗罷免了魏知古的職務。

思考導向

　　與他人溝通時,管理者應能快速判斷出對方話語的真正意思,以使自己下一步能夠採取正確的行動。

　　管理者的溝通目的有時通過直接表達反而無法實現。這就要求管理者具有一定的隨機應變能力,能夠根據溝通環境及時變換溝通內容與方式。

培訓師講故事

◎那人只說海大魚

　　齊國宰相田嬰,因不受齊宣王喜歡,想在自己的封地薛地築城,發展私家勢力,以備不測。人們紛紛勸阻。田嬰下令任

何人也不得勸諫。

這時，有一個人請求只說三個字，多一個字，寧肯殺頭。田嬰覺得很有意思，請他進來。

這個人快步向前施禮說：「海大魚。」然後回頭就跑。

田嬰說：「你話外有話。」

那人說：「我不敢以死為兒戲，不敢再說話了。」

田嬰說：「沒關係，說吧！」

那人說：「您不知道海裏的大魚嗎？魚網撈不住它，魚鉤也鉤不住它，可一旦被沖蕩出水面到了陸地上，則成了螞蟻的口中之食。齊國對於您來說，就像水對於魚一樣。您在齊國，如同魚在水中，有整個齊國庇護著您，為什麼還要到薛地去築城？如果失去了齊國，不管你如何築城，就是把薛城築到天上去，也沒有用。」

田嬰聽罷，深以為是，說：「說得太好了。」於是，停止了在薛地築城的做法。

思考導向

沒有無法溝通的人，只有想不到的溝通方式。因此，當管理者覺得某個人難以溝通時，不要氣餒，這是顯示一個人良好溝通能力的最佳時機。

與他人溝通時，只有緊緊吸引住對方的注意力，才能取得較好的溝通效果。為此，管理者就應當想方設法激發對方的溝通興趣，多用生動有趣的語言說明道理。

◎設計路徑的靈感

　　世界建築大師格羅培斯設計的狄斯奈樂園，經過 3 年的精心施工，馬上就要對外開放了，然而各景點之間的路徑怎樣設計還沒有具體的方案。施工部發電報給正在法國參加一個慶典活動的格羅培斯，請他趕快定稿。接到催促電報，格羅培斯非常著急，儘管已經從事建築研究 40 年，攻克過無數個建築方面的難題，但建築學中的路徑設計問題一直困擾著他，狄斯奈樂園的路徑設計幾易其稿仍不能令他滿意。慶典活動一結束，格羅培斯讓司機開車帶他到地中海海濱，尋找靈感。

　　一路上格羅培斯望著窗外，看到許多的葡萄園，園主們大都把葡萄摘下來，擺在路的兩側，向過往的車輛和行人吆喝兜售，然而很少有人停下車來購買。可是當汽車拐入一個小山包時，發現那兒停著好多汽車。格羅培斯也讓司機停下來，經過詢問才知道，這是一個無人看管的葡萄園，只要你在路旁的箱子裏投入 5 法郎，就可以摘一籃葡萄。還聽說，這是一位老太太的葡萄園，她因年邁無力管理葡萄園而想出這樣的辦法。更令人不可思議的是，在這綿延百十千米的葡萄產區，總是她的葡萄先賣完，而且價格最高。格羅培斯決定不再去地中海海濱，而是返回駐地。因為他已找到了靈感——給人自由。

　　返回駐地後，他給施工部拍了一封電報：撒上草籽，提前開放。施工部按照要求在樂園撒滿草籽。沒多久，小草長出來了，整個樂園的空地被綠蔭覆蓋。隨著小草的生長，被人踩的

路徑也越來越明顯。蜿蜒曲折，寬窄有序，優雅自然。第二年，格羅培斯讓施工部按著這些踩出的痕跡鋪設了人行道。

1971 年倫敦國際園林藝術研討會上，狄斯奈樂園的路徑設計被評為當年的世界最佳設計。

 思考導向

解決此問題的方法，也許能通過對其他事物的觀察獲得。因此，管理者思考問題應能夠觸類旁通，舉一反三。

發散性思維是管理者解決問題的重要思維能力，管理者應加強對自身發散思維能力的培養。

43 口述繪圖的遊戲

遊戲目的：
鍛鍊學員的溝通能力。
讓學員掌握溝通技巧。

遊戲人數：8 人

遊戲時間：25 分鐘

遊戲場地：室內

遊戲材料：每組一幅原圖、一張白紙和一支筆

遊戲步驟：

1. 將所有學員分為 2 人一組，一人負責繪圖，一人負責口述。

2. 將紙筆和原圖分發給每個小組，原圖儘量要選擇那些不太複雜但又能包含多種圖形元素的圖片。在分發的過程中不能讓繪圖者看到原畫。

3. 負責口述的學員必須遵守下列溝通規則。

(1)負責敍述原圖的內容。

(2)不可讓對方看到原圖的內容。

(3)除點頭和搖頭外，不可以給對方其他提示。

4. 負責繪圖的學員必須遵守下列溝通規則。

(1)禁止向對方提問。

(2)禁止回答對方的詢問。

(3)可以讓對方知道自己的繪畫內容和進度。

(4)可以問是否還有繪畫內容。

5. 繪畫結束後，以繪畫的速度和品質作為評判各組作品的標準。

6. 培訓師組織學員進行問題討論。

遊戲討論：

1. 你們小組的繪圖和原圖的差別大嗎？那些方面相差較大？

2. 這個遊戲告訴了我們什麼道理？

3. 你認為在問題解決的過程中，應該如何進行溝通？

培訓師講故事

◎暗示齊王要送大禮

齊威王在位的時候，有一年楚國出兵大舉進犯齊國。齊國的兵力遠不是楚國的對手，齊威王情急之下，只好派人向趙國求救。

齊王撥出黃金 100 兩，車馬 10 輛作為禮物交給淳于髡，讓他帶上這些禮物去趙國搬救兵。

淳于髡看著這 100 兩黃金和 10 輛車馬，忽然大笑不止，把頭上的帽纓都笑斷了。齊威王被笑得摸不著頭腦，問淳于髡說：「你這樣狂笑，是為什麼呢？是不是覺得禮物太輕了呢？」

淳于髡忍住笑，回答說：「我怎麼敢呢？」

齊威王又問：「那你為什麼如此大笑不止呢？」

淳于髡回答說：「我想起了今天早上看到的一件事，覺得非常好笑。」

齊威王問：「什麼事？」

淳于髡說：「今天一早，我在來上朝的路上，看到一個農夫正跪在路旁祭田。他面前焚著 3 根香，擺著一小盅酒；他右手舉起一隻小豬爪，左手打著揖，祈求說：『土地爺啊，請您保佑我好運，讓我肥豬滿圈，五穀滿倉，金銀滿箱，長命百歲，兒孫滿堂，還要保佑我的兒孫個個富裕無比。』我見他祭品寒酸微薄，奢望卻比天還高，不由得越想越好笑。」

齊威王聽了，頓時恍然大悟，感到很慚愧。於是，他趕緊命人備好黃金 1000 兩，白璧 10 對，車馬 100 乘，交給淳于髡前

往趙國。

　　淳於髡帶上這些東西，連夜奔赴趙國向趙王求援。趙王接到禮物，迅速派出精兵 10 萬、戰車千輛增援齊國。楚國得知趙國出兵後，連夜撤兵回國，齊國因此避免了一次戰爭的損失。

思考導向

　　當自己的意見無法直接表達時，管理者不如換一種方式，比如旁敲側擊、言彼及此。

　　讓別人改正錯誤的最佳方式，不是直接指出其錯誤，而是讓其自己看到自己的錯誤。

培訓師講故事

◎修城想法不實際

　　有一天，齊王上朝的時候，鄭重其事地對大臣們說：「我國地處幾個強國之間，軍務防備的問題年年都出現。這次我想來個大的行動，徹底解決問題。」

　　謀臣艾子上前問道：「不知大王有何打算？」

　　齊王說：「我要抽調大批壯丁，沿國境線修一道長長的城牆。這道城牆東起大海，西至太行，綿延 4000 裏，把我國同其他各個強國隔絕開來。從此，秦國無法窺視我國西部，楚國難以威脅我國南邊，韓國、魏國不敢牽制我國左右。你們說，這是不是一件很偉大、很有價值的事？」

　　艾子說：「大王，這樣大的工程，百姓們承受得了嗎？」

　　齊王說：「是的，百姓築城的確要吃很多苦頭，但這樣做能減少戰爭帶來的災難，這一勞永逸的事，誰會不擁護呢？」

　　艾子沉吟片刻，認真而懇切地對齊王說：「昨天一大早，天下起了大雪，我在趕赴早朝的途中，看見道旁躺著一個人。他光著身子，都快要凍僵了，卻仰望著老天唱讚歌。我十分奇怪，便問他為什麼這樣做，他回答說：『老天爺這場雪下得真好啊，可以料到明年麥子大豐收，人們可以吃到廉價的麥子了。可是，明年卻離我太遙遠，眼下我就要被凍死了！』大王，臣以為，這件事正像您今天說的築城牆，老百姓眼下正生活得朝不保夕，那能奢望將來有什麼大福呢？他們還不知道自己能不能等到修好城牆的那一天。

　　齊王無言以對，最後放棄了修城牆的想法。

思考導向

　　錯誤很多是由於對客觀事物的認識產生了偏差造成的，管理者要使人認清這種錯誤，就應當將偏差巧妙地呈現出來。

　　要想糾正他人的錯誤，管理者首先應當抓住他人錯誤中的關鍵點，然後再針對關鍵點一步步將對方錯誤的荒謬之處展示出來。

培訓師講故事

◎請把城池還回去

蘇秦在燕國時，燕昭王來找他，向他訴苦：「我剛繼位，齊宣王就興兵奪去了燕國十幾個城池。打是打不過的，請你去齊國把土地要回來」。

要人家把到嘴的肉吐出來，可能嗎？蘇秦思量了一番，還是胸有成竹地去了。他見到齊王，「俯首以慶，仰首以吊」，慶吊同舉，齊宣王當時就犯了暈。慶賀自不待說，齊國領土增加了；哀悼就讓人糊塗了。

齊王便問：「齊國有什麼要哀悼的事情嗎？」

蘇秦回答：「大王不聞，人縱垂死，也不食烏喙(毒草)，燕雖是小國，但燕王和秦王之間有親戚關係，如今您奪下燕國領土，則必與秦國為仇。如果強秦做了燕國的後盾，進兵伐齊，齊國不就像垂死的人還要吃烏喙一樣嗎？」

見齊王臉色一變，蘇秦又接著說：「自古以來的成功者都知道『轉禍為福，轉敗為勝』的道理。為大王著想，莫若您將奪來的土地還給燕國。如此，燕王高興，秦王也高興，你們可以不計前仇而和親，以至於再使燕秦臣服於你。燕秦兩國一旦臣服，其他國家也會先後歸服，今日你虛言服秦，放棄燕的一些土地，這是將來實現霸業的基礎啊。」

齊王大悅，如釋重負，於是把十幾座城池都還給了燕國。

思考導向

與他人溝通，管理者要首先想方設法吸引對方的注意力，並使對方的思路在不知不覺中轉移到自己所要談論的問題上。

成功說服他人的關鍵，是管理者能否站在對方的角度為其分析清楚利弊得失。

培訓師講故事

◎固守經驗下場慘

在楚國，有一家人深受狐狸之害。狡猾的狐狸經常趁其不備，跑到院子裏來偷雞，鬧得這一家雞犬不寧。這家人想了許多法子來抓狐狸，可是都沒能抓到。

後來，有人給他家出了個主意，說：「老虎是山裏的百獸之王，普天下的獸類見了它，都會害怕得丟魂棄魄，一個個只能趴在地上等死。」

楚人感到此話有理，於是就用竹篾編了一個老虎模型，再用一張虎皮蒙在外面，放置在自家的窗戶之下。沒過幾天，狐狸又來騷擾了，它剛一進院門就撞見了這個老虎模型，直嚇得大叫一聲，即刻就倒在了地上，只剩下束手就擒的份兒了。

又有一天，不知從何處來了一頭野豬，躥到這楚人家的地裏去糟蹋莊稼。於是，楚人又將老虎模型預先埋伏在草叢之中，同時派自己的兒子手執利戈，守候在大路上。一切安排就緒以

後，他就讓那些在地裏幹活的人齊聲大喊，嚇得那頭野豬趕緊往草叢中逃生，可是在那裏它又看到了老虎模型，於是又折轉身來往大路上奔去，結果就被守候在大路上的兒子給抓獲了。

有了這兩次經歷以後，楚人興奮異常，他以為憑著這個老虎模型就可以降伏天下所有的野獸了。恰在此時，野外又發現了一種形狀像馬的動物，這位楚人立即帶上老虎模型前往驅趕它。

有些見多識廣的人出面勸阻楚人：「這種形狀像馬的動物就是『駮』呀，它連真的老虎都會吃掉，你又何必帶個假的老虎模型去送死呢？你這樣去是要遭殃的！」可是楚人卻聽不進這善意的勸告，依然孤身前往。他到了野外之後，只見那像馬的駮吼聲如雷，一下子就沖到了楚人面前，迅速踢翻了他帶去的老虎模型，接著就用前爪將楚人抓住，拼命撕咬，不一會兒就將楚人咬死了。

思考導向

經驗是方法的總結，運用經驗有利於解決類似問題，提高工作效率。然而將經驗固化，成為一招鮮，最終會陷入問題的漩渦不能自拔。

要想提高解決問題的能力，管理者不僅要善於運用傳統經驗，還要在不斷解決新問題的過程中探索新對策、總結新經驗，並用以指導新的實踐、解決新的問題。

44 解決要點測評

1. 測評目的

解決問題時若不考慮其程序，將會無法確實掌握問題點，從而導致在解決過程中浪費許多時間，以及出現討論不夠充分、想不出任何具體主意、制訂不出好的對策等弊端。要避免這些後果，就必須著手於解決方法的決定。

2. 測評題

請根據你的實際情況作答。

⑴是否平日就有問題意識，並觀察管轄範圍內下屬的行為？
（　）

A. 是　　　　　B. 尚可　　　　　C. 否

⑵是否編訂審查表，根據審查表找出問題，以便重新評估現狀？
（　）

A. 是　　　　　B. 尚可　　　　　C. 否

⑶是否仔細觀察職責狀況，一有任何變化或徵兆時，就能察覺到是否發生問題，並探尋其原因？（　）

A. 是　　　　　B. 尚可　　　　　C. 否

⑷進行新的嘗試時，是否檢討將會發生的問題？（　）

A. 是　　　　　B. 尚可　　　　　C. 否

⑸是否制定提高目前水準的目標，並尋找相關問題？（　）

A. 是　　　　　B. 尚可　　　　　C. 否

⑹是否以上司的目標作為擬定目標的依據，並根據信息、資料

來探討問題？（　）

　　A.是　　　　　B.尚可　　　　　C.否

　　⑺本著改變現狀的態度，是否積極努力解決已發生的問題？
（　）

　　A.是　　　　　B.尚可　　　　　C.否

　　⑻討論之後，是否決定以什麼方法解決問題？此外，多人共同
解決問題時，是否向大家說明解決的方法與手段？（　）

　　A.是　　　　　B.尚可　　　　　C.否

　　⑼不讓問題的解決徒具虛名，而是徹底明瞭解決手段的關鍵，
將問題明確化，並以各種觀點加以思考，找出解決對策。（　）

　　A.是　　　　　B.尚可　　　　　C.否

　　⑽是否不只是想出解決問題的對策，而且制定執行計劃，問題
解決後加以評估？（　）

　　A.是　　　　　B.尚可　　　　　C.否

3.評分標準

選「是」的計 10 分，選「尚可」的計 5 分，選「否」的計 3 分。

4.測評結果分析

80〜100 分：表明你解決問題時，要點把握得很好，這大大減
少了解決問題所需的時間，提高了辦事效率。

65〜79 分：表明你解決問題時，基本能抓住要領，但對解決問
題的程序把握不清。

64 分以下：表明你解決問題時，抓不住主要矛盾，常常事倍功
半，浪費了大量的寶貴時間，今後要不斷地透過鍛鍊，彌補這方面
的不足。

當你遇到需解決的問題時，你首先要掌握要點，抓住主要矛盾，

然後設計出解決問題的程序,從而進一步解決。以下步驟可以告訴你如何分離、確定和解決一個問題。

①對該問題製作一份簡要說明,用 1 分鐘的時間簡單說明,如「我對＿＿＿＿＿＿現有的水準不滿」。

②目前的問題中有那些項目尚未達到令人滿意的水準?找出該問題的實質情況。

③確定什麼是合理的期望水準,什麼是可接受的工作表現。

④確定有那些可能的解決方案或者建議的行動過程。

⑤寫出每種方案可能的替換方案。

⑥基於公司管理系統的紀律,需要什麼行動方案來解決這一問題?那種可選方案(或幾個可選方案的組合)最可能成為最佳解決方案?

培訓師講故事

◎怎樣把霧驅散

1943 年 11 月的一天,在英國某軍用機場內,科學家詹姆斯站在霧中,他負責解決英國皇家空軍飛機在這種能見度極差的天氣中起飛和降落的問題。

詹姆斯試驗了一次又一次,均告失敗。這時,詹姆斯突發奇想:能不能用火把霧燒掉?他剛提出這個想法,同事們就都笑他太天真,歷史上從來沒有人這樣做過,而且這霧的空間也實在太龐大了。

詹姆斯也顧不了那麼多了,正值「二戰」期間,時間非常

緊迫，一時又想不到更好的辦法。於是，他讓人在機場跑道上全裝上了管道，又在管道上每隔一定距離鑿出了一個小孔。然後，他們拖來了一桶桶航空汽油，灌入管道中。

隨著詹姆斯一聲令下，大家手持點火裝置，把汽油點燃了。剎那間，整個機場陡然出現一道道火線，空氣受到大火炙烤，霧氣漸漸消散而去，人們不禁高聲歡呼。後來，英國在整個「二戰」中一直都採用這種放火驅霧法。

思考導向

解決問題的創新方法，很多時候就是從「天真」的想法開始的。

面對難以解決的問題，等待是毫無作用的；管理者應能頂住壓力，敢於做出解決問題的新嘗試。

培訓師講故事

◎假裝糊塗來判案

古時候有一個縣官，他為官廉潔、辦事公道，深受百姓的愛戴。一次，有一個武舉人扭著一個鄉下人前來告狀。縣官知道這個武舉人，他蠻橫無理，經常欺負鄉鄰，縣官一直想找機會教訓他一下。

縣官升堂，詢問發生了什麼事。武舉人說：「我走在大街上，他挑著的糞桶碰髒了我的衣服，請大人嚴懲這個鄉巴佬。」

縣官聽了拍案喝道：「你這個鄉下人，怎麼能夠做事如此隨隨便便、不放在心上。你弄髒了別人的衣服，應當嚴懲。」

鄉下人哭著向縣官求饒。縣官說：「既然這樣，那你就跪在地上給這位舉人磕 50 個頭。」

縣官讓武舉人坐下，鄉下人開始磕頭，衙役在一旁數數。數到 40 下的時候，突然，縣官大喊：「停！我太糊塗了，還沒問你是文舉人還是武舉人？」

武舉人回答說是武舉人。縣官說：「錯了！文舉人得磕 50 下，武舉人只磕 25 下！你該還磕 15 個。」

於是，縣官又叫鄉下人坐下，命令武舉人跪下磕頭。武舉人不肯，兩個衙役一起上去按著他，強迫武舉人磕了 15 個頭。

思考導向

絕妙的問題解決方法和技巧，是管理者將問題圓滿解決的有力武器。

管理者要善於抓住解決問題的時機，在時機中開拓新穎的問題解決之路。

培訓師講故事

◎滅火不能靠空談

美麗的大森林裏，住著許許多多的動物。一天，它們在一起開展「發生火災怎麼辦？」的大討論。

黑熊走到前面，大聲說：「一旦發生火災，用黃沙撒在火上，火就會熄滅。」

大象甩了甩長鼻子，說：「一旦發生火災，我可以用鼻子吸了水，像救火籠頭一樣把水噴在火上，火就會熄滅。」

大家選黑熊和大象為滅火隊長，如果發生火情，它們將帶領大家一起滅火。

不遠處的草叢中突然升起一縷青煙，火苗直向上躥。大夥的眼睛一齊盯著黑熊和大象，黑熊搖搖頭，說：「這裏找不到黃沙，叫我用什麼去滅火呢？」

大象一邊用長鼻子晃來晃去，一邊說：「這裏沒有水，叫我怎麼滅火？」

這時，火舌越躥越高，眼看一場森林火災就要發生，大家急得團團轉。突然，猴子抓起一根樹枝，沖入火中，一邊呼喊同伴，一邊拼命地撲打大火。大家這才清醒過來，一齊沖過去撲打大火。經過大家的努力，大火終於被撲滅了。

黑熊和大象對猴子說：「你這樣亂撲，用的是什麼滅火法？」

猴子說：「你們兩位剛才對滅火法講得頭頭是道，關鍵時刻卻施展不出來，不切實際的空談又有什麼用呢？」

思考導向

預先制定的解決問題的方法未必有效，只要能夠解決問題，則完全可以不循常規。

也許解決問題的方法有很多種，但最重要的是去做。

45 為明天制訂計劃

ⓘ 遊戲目的：

讓遊戲參與者學會制訂工作計劃。

提升遊戲參與者的計劃管理能力。

Ⓢ 遊戲人數： 不限

Ⓕ 遊戲時間： 20 分鐘

Ⓐ 遊戲場地： 室內

Ⓔ 遊戲材料： 筆、計劃表（見附件）若干

ⓐ 遊戲步驟：

1. 培訓師為每位學員發一支筆和一張計劃表（見附件），要求學員在白紙上制訂出明天的工作計劃。

2. 計劃做好後，要求學員保留計劃，並將計劃於明日實施。

3. 培訓師組織學員進行討論。

4. 學員要在後天檢查自己計劃的落實情況，如果有沒有落實的事項，試著找出原因。

遊戲討論：

1. 在你制訂的計劃中是否為每一項工作設定了具體時間？

2. 你是否能有效落實你的計劃？

3. 你如何應對計劃外的突發事件？

附件：

____月____日工作計劃

姓名：

我承諾：堅定落實計劃，不打任何折扣！

序號	時間	計劃內容（事項）	計劃落實情況
1			
2			
3			
4			
5			
6			
7			
8			
9			
10			
11			
12			
13			
14			
15			
16			
17			
18			
19			
20			
21			

◎進攻計劃終放棄

　　天下有名的巧匠公輸班，為楚國製造了一種叫做雲梯的攻城器械，楚王將要用這種器械攻打宋國。墨子當時正在魯國，聽到這個消息後，立即動身，走了十天十夜直奔楚國的都城郢，去見公輸班。

　　公輸班對墨子說：「夫子到這裏來有何見教呢？」

　　墨子說：「北方有人侮辱我，我想借你之力殺掉他。」

　　公輸班很不高興。

　　墨子又說：「請允許我送你 10 錠黃金作為報酬。」

　　公輸班說：「我仗義行事，絕不去隨意殺人。」

　　墨子立即起身，向公輸班拜揖說：「請聽我說，我在北方聽說你造了雲梯，並將用雲梯攻打宋國。宋國又有什麼罪過呢？楚國的土地有餘，不足的是人口。現在要為此犧牲掉本來就不足的人口，而去爭奪自己已經有餘的土地，這不能算是聰明。宋國沒有罪過而去攻打它，不能說是仁。你明白這些道理卻不去諫止，不能算做忠。如果你諫止楚王而楚王不從，就是你不強。你自己不殺一人而楚國準備用你製造的工具殺宋國的眾人，你確實不是個明智的人。」

　　公輸班聽了墨子的一席話後，深深為其所折服。

　　墨子接著問道：「既然我說的是對的，你又為什麼不停止攻打宋國呢？」

　　公輸班回答說：「不行啊，我已經答應過楚王了。」

墨子說：「何不把我引見給楚王？」公輸班答應了。

於是，公輸班引墨子見了楚王，墨子說道：「假定現在有一個人，捨棄自己華麗貴重的彩車，卻想去偷竊鄰舍的那輛破車；捨棄自己錦繡華貴的衣服，卻想去偷竊鄰居的粗布短褲；捨棄自己的山珍海味，卻想去偷竊鄰居家裏的糟糠之食。楚王你認為這是個什麼樣的人呢？」

楚王說：「一定是個有偷竊毛病的人。」

墨子於是繼續說道：「楚國的國土，方圓五千里；宋國的國土，不過方圓五百里，兩者相比較，就像彩車與破車相比一樣。楚國有雲楚之澤，犀牛麋鹿遍野都是，長江、漢水又盛產魚鱉，是富甲天下的地方；宋國貧瘠，連野雞、野兔和小魚都沒有，這就好像美食與糟糠相比一樣。楚國有高大的松樹、紋理細密的梓樹，還有梗楠、樟木等等；宋國卻沒有，這就好像錦繡衣裳與粗布短褲相比一樣。由這三件事而言，大王攻打宋國，就與那個有偷竊之癖的人並無不同，我看大王攻宋不僅不能有所得，反而還要損傷大王的義。」

楚王聽後說：「你說得太好了！儘管這樣，公輸班已經為我製造好了雲梯，我一定要攻取宋國。」鑑於楚王的固執，墨子轉向公輸班。

墨子解下腰帶圍作城牆，用小木塊作為守城的器械，要與公輸班較試一番。公輸班多次設置了攻城的巧妙變化，墨子都全部成功地加以抵禦。公輸班的攻城器械已用完而攻不下城，墨子守城的方法卻還綽綽有餘，公輸班只好認輸，但是卻說：「我已經知道該用什麼方法來對付你，不過我不想說出來。」

墨子也說：「我也知道你用來對付我的方法是什麼，我也是

不想說出來罷了。」

　　楚王在一旁不知道他們兩個人到底在說什麼，忙問其故，墨子說：「公輸班的意思不過是要殺死我，殺死了我，宋國就無人能守住城，楚國就可以放心地去攻打宋國了。可是，我已經安排我的學生禽滑厘等 300 人，帶著我設計的守城器械，正在宋國的城牆上等著楚國的進攻呢！所以，即便是殺了我，也不能殺絕懂防守之道的人，楚國還是無法攻破宋國。」

　　楚王聽後大聲說道：「說得太好了！」

　　他不再固執地堅持攻宋，而是對墨子表示：「我不進攻宋國了。」墨子成功地勸阻楚王放棄了進攻宋國的計劃。

 思考導向

　　一個人的行為，受其認知的影響。管理者要改變一個人的行為，可以從影響其認知入手。

　　溝通可以解決問題，但不是一定能解決問題。因此，管理者通過溝通解決問題時，還應做好溝通失敗情況下的準備工作。

培訓師講故事

◎做好計劃不挨餓

　　炎熱的夏天，螞蟻們在田裏辛勤地忙碌著，努力地收集大麥和小麥，準備過冬的食糧。

　　蜣螂看到了，說：「你們何必這麼傻呢？趁著現在天氣好，

一起來玩耍不是很好嗎？」螞蟻什麼也沒說，依舊努力工作。

到了冬天，雨水把蟋蟀的食物——牛糞沖走了。蟋蟀找不到東西吃，只好請求螞蟻分一點食物給它。

螞蟻說道：「蟋蟀啊，現在你後悔了吧！我努力工作的時候，你卻只顧享樂，還嘲笑我，如果那時你也一起工作的話，現在就不會挨餓了。」

思考導向

有計劃方能持久，有備方能無患。管理者要有未雨綢繆的長遠眼光，避免臨陣磨槍和臨渴掘井的短視行為。

凡事預則立，不預則廢。管理者只有做到事事有計劃，時時有準備，才能取得預料之中的成功，才能避免出乎意料的失敗。

培訓師講故事

◎鼴鼠為何要難過

鼴鼠一心一意想升官發財，可是從青春年少熬到頭髮花白，卻還只是個小職員。鼴鼠為此整天悶悶不樂，每次想起來都不禁淚流滿面，有一天竟然號啕大哭起來。

這時候新同事小猴子正好走進辦公室，看到傷心的鼴鼠，覺得很奇怪，便問它到底因為什麼而難過。

鼴鼠說：「我怎麼不難過？年輕的時候，我的上司愛好文

學，我便學著作詩、寫文章，想不到剛有點小成績，卻換了一位愛好科學的上司。我趕緊又學習數學、研究物理，不料上司嫌我學歷太淺，不夠老成，還是不重用我。後來換了現在這位上司，我自認為文武兼備，人也老成了，誰知這位上司喜歡青年才俊，我……我眼看年事已高，就要退休了，卻一事無成，怎麼不難過？」

思考導向

　　在駛向成功港的航行中，目標就是指南針，計劃就是航海圖，這是一切舵手勝利到港的保證。

　　沒有明確的目標，管理者就無法制訂出能帶來長遠利益的計劃，最終要迷失行動的方向。

46 迅速行動的遊戲

遊戲目的：

增強遊戲參與者在行動中相互合作的意識。

讓遊戲參與者在遊戲中提升快速行動的能力。

遊戲人數： 20 人

遊戲時間： 45 分鐘

遊戲場地：排球場或類似有球網的場地

 遊戲材料：

1. 塑膠袋、舊報紙、雜誌、小紙盒等大量的垃圾；

2. 一塊碼錶；

3. 一個哨子；

4. 三張寫好時間的小紙片。

遊戲步驟：

1. 把 20 名學員平均分成 2 組，每組 10 人，讓兩個小組分別站到排球網的兩邊。兩邊各設 2 名裁判。

2. 把所有的垃圾平分給兩個小組，分別放置在各組所在的區域內。

3. 培訓師告訴學員們通過吹哨開始和結束遊戲。

遊戲開始後，大家要撿起垃圾向對方的場地投擲。注意，每人一次只能扔一件垃圾，而且只允許從球網的上面扔垃圾，不可以從球網的下面或側面扔垃圾，裁判員將時刻監督比賽的整個過程，違規者將被罰下場。遊戲結束時，本組手中和場地中垃圾較少的小組獲勝。

4. 告訴學員們，他們將進行 3 輪比賽，每輪比賽將持續不同的時間，但不能告訴學員每輪比賽將持續多長時間。

5. 為了避免學員對時間有爭議，培訓師可以把時間事先寫在紙上。一輪比賽結束後，培訓師需要向大家展示紙上規定的本輪比賽的持續時間。

6. 讓兩個小組準備好垃圾，各就各位，然後吹哨，開始比賽。

7. 一輪比賽結束後，根據兩方場地中的垃圾裁判勝負。

8. 按照下一張紙片上規定的時間，開始新一輪比賽。

遊戲討論：

真正的執行落實在行動上，才是硬道理，才會有希望；集中精神，迅速行動，全力以赴，才能確保最後的勝利。

有目標的統一，才會有思想的統一；有思想的統一，才會有行動的統一；有行動的統一，才會有執行的統一。

培訓師講故事

◎巧妙修宮殿

宋朝時，有一次皇宮發生了火災。一夜之間，大片的宮殿、樓臺變成了廢墟。為了修復這些宮殿，皇帝派了一位大臣主持修繕工程。

當時，要完成這項重大的修繕工程，面臨著三個大問題：第一，需要把大量的廢墟垃圾清理掉；第二，要運來大批木材和石料；第三，要運來大量新土。不論是運走垃圾還是運來建築材料和新土，都涉及大量的運輸問題。如果安排不當，施工現場會雜亂無章，正常的交通和生活秩序都會受到嚴重影響。

這位大臣研究了工程後，制訂了這樣的施工方案：首先，從施工現場向外挖若干條大深溝，把挖出來的土作為施工需要的新土備用，這就解決了新土問題；然後，從城外將汴水引入

所挖的大溝中,這樣可以利用木排及船隻運送木材石料,於是就解決了木材石料的運輸問題;最後,等到材料運輸任務完成之後,再把溝中的水排掉,將工地上的垃圾填入溝內,使溝重新變為平地。步驟簡單歸納起來,就是這樣一個程序:挖溝(取土)→引水入溝(水道運輸)→填溝(處理垃圾)。

按照這個施工方案,整個修繕工程不僅節約了許多時間和經費,而且工地井然有序,城內的交通和生活秩序並未受到太大的影響。

思考導向

管理者在制訂執行計劃時,一定要綜合考慮現有資源的特點與相互關係,以實現資源間的相互配合、相互支持。

良好的執行計劃,是以最小的執行成本取得最優的執行效果。

培訓師講故事

◎銀行存款有 5 萬

在日本麥當勞連鎖店的開拓者藤田田,他在 1965 年畢業於日本早稻田大學經濟系,畢業之後隨即在一家電器公司打工。1971 年,他準備開創自己的事業,經營麥當勞業務。但是藤田田僅有 5 萬美元,根本不能取得麥當勞的特許經營資格。

於是,在一個風和日麗的春天的早晨,他西裝革履滿懷信

心地跨進住友銀行總裁辦公室的大門。藤田田以極其誠懇的態度，向對方表明了自己的創業計劃和心願。銀行總裁耐心聽完他的表述之後，說：「你先回去吧，讓我考慮考慮。」

藤田田聽後，心裏立即掠過一絲失望，但他馬上鎮定下來，懇切地對總裁說：「先生，可否讓我告訴你我那 5 萬美元存款的來歷呢？」對方回答：「可以。」

「那是我 6 年來按月存款的收穫。」藤田田說，「6 年裏，我每月堅持存下 1/3 的工資，雷打不動，從未間斷。6 年裏，無數次面對資金過度緊張或手癢難耐的情況，我都咬緊牙關，克制慾望，硬挺了過來。有時候，碰到意外事故需要額外用錢，我也照存不誤，甚至不惜厚著臉皮四處告貸，以增加存款。我必須這麼做，因為在跨出大學門檻的那一天我就立下志願，要以 10 年為期限，存夠 10 萬美元，然後自創事業，出人頭地。現在機會終於來了，我一定要提早創業⋯⋯」

總裁問明瞭他存錢的那家銀行的位址，並表示下午給予答復。在確認了藤田田講述的真實性後，總裁打電話給藤田田，告訴他住友銀行可以毫無條件地支援他創建自己的事業。他說：「論年齡，我是你的 2 倍；論收入，我是你的 30 倍；可是，直到今天，我的存款還沒有你多⋯⋯」

思考導向

計劃的難度不在於制訂，而在於不折不扣地執行。

在執行計劃時，管理者應當志向存高遠，意志堅如鐵。

◎計劃不超 30 年

在愛迪生 55 歲的生日宴會上，有一位老朋友關心地問：「老朋友，你的一生成就非凡，在以後的日子裏，你打算如何度過？」

愛迪生回答道：「從現在到 75 歲，我想把時間交給工作。76 歲開始我計劃去學橋牌。到了 80 歲，我想和女士好好聊聊。至於 85 歲以後，我想學好高爾夫球。」老朋友繼續問：「那 90 歲以後的你，想要做些什麼呢？」

愛迪生笑著說：「我安排的計劃不會超過 30 年，計劃太短就缺乏遠見，太長又不切實際、不好掌控。」

思考導向

計劃如同黑夜中的一盞明燈，它可以照亮前方的一段道路，但它的光線並不能照耀到路的盡頭。

在制訂計劃時，管理者必須對未來環境做出判斷，但面對過長的時間，這種判斷的難度也會加大，因此，計劃應具有一定的時效性，期限不可過長。

47 製作海報

遊戲目的：
開拓學員的創新思維。
培養學員的動手能力。

遊戲人數： 10 人以上

遊戲時間： 45 分鐘

遊戲場地： 室內、室外皆可最好有供學員使用的桌子

遊戲材料： 每組膠帶 1 卷、對開白紙 1 張、彩筆 1 套、膠水 1 瓶、富含圖片的雜誌 5 本、不同顏色的彩色紙張若干

遊戲步驟：

1. 培訓師將所有學員分成 4～7 人組成的小組。

2. 為每組分發膠帶、白紙、雜誌、彩筆、膠水、彩色紙張等用具和材料。

3. 告訴學員需要製作一幅帶有創意性的海報，海報要符合「健康、時尚、快樂」這 3 個主題。海報的內容可以是小組繪畫製作，也可以通過甄選雜誌圖片和彩色紙張組合，或是兩者結合。

4. 海報製作完成後，每個小組都要為自己的海報起一個好聽並

符其內容的名字。

　　5.每組派代表向其他組學員展示自己的作品。

　　6.學員集體對海報進行評估，並進行討論。

🌀 **遊戲討論：**

　　行動是將想法變成現實的有效途徑；執行是促成戰略獲得成功的真正關鍵因素。

　　三流的點子加上一流的行動力，永遠比一流的點子加上三流的行動力更好。

培訓師講故事

◎制訂一份生命清單

　　有個名叫約翰•戈達德的美國人，凡事都喜歡制訂計劃。在他 15 歲的時候，就把自己一生要做的事情列了一份清單，並稱它為「生命清單」。

　　在這份排列有序的清單中，他給自己列出了 127 個具體目標。比如，探險尼羅河、攀登喜馬拉雅山、讀完莎士比亞的著作、寫一本書，等等。

　　44 年後，他以超人的毅力和非凡的勇氣，終於按計劃，一步一步地實現了 106 個目標，成為一名卓有成就的電影製片人、作家和演說家。

思考導向

目標是指路明星，沒有目標，就沒有堅定的方向，沒有方向，就只能在困惑中白白耗費生命。

不去實現的目標毫無價值。因此，管理者一旦有了目標，就要堅持不懈、矢志不渝地去實現。

培訓師講故事

◎先做好計劃再要錢

一個孩子對他的爸爸說：「爸爸，週末我想去遊樂場。」

他爸爸沒有直接說行或不行，而是問孩子：「你計劃好了嗎？你想跟誰一起去？去什麼地方？怎麼去？」

孩子說：「我還沒有計劃好。」

爸爸說：「沒想好的事就不要說，如果你要去，就要計劃好。」

過了幾天，孩子又對爸爸說：「爸爸，我週末想和同學小雷一起去遊樂場，我們想坐摩天輪，路線我也查好了，從咱家直接坐 4 路公共汽車就行了，現在，想向您要 100 塊錢做活動經費。」爸爸愉快地掏出了錢。

思考導向

要想使自己的工作計劃得到上司的支持，應當使計劃顯得具體、可操作。

計劃的精細程度直接影響著目標實現的效果。計劃制訂得越細，目標實現得越理想。

培訓師講故事

◎計劃必須有可實行性

美國汽車工業巨頭福特曾經特別欣賞一個年輕人的才能，他想幫助這個年輕人實現自己的夢想，可這位年輕人的夢想卻把福特嚇了一跳：他一生最大的願望就是賺到 1000 億美元，是福特現有財產的 100 倍。

福特問他：「你要那麼多錢做什麼？」年輕人遲疑了一會，說：「老實講，我也不知道，但我覺著只有這樣才算成功。」

福特說：「如果一個人擁有那麼多的錢，將會威脅整個世界，我看你還是先別考慮這件事吧。」

在此後長達 5 年的時間裏，福特拒絕見這個年輕人，直到有一天，年輕人告訴福特，他想創辦一所大學，他已經有了 10 萬美元，還缺少 10 萬。福特這才開始幫助他。經過 8 年的努力，年輕人成功了，他就是著名的伊利諾斯大學的創始人本‧伊利諾斯。

思考導向

無法實現的目標毫無價值。管理者應客觀認識資源、環境對個人的限制，找到那些有挑戰性但通過努力便可以實現的目

標。

　　管理者應認識到，選取目標、制訂計劃不是隨心所欲的「激情」行為，它需要理性的思考與判斷。

48 解決能力測評

1. 測評目的

　　解決問題的熱情相當重要，但光有這股熱情仍無法達到效果。要提高問題解決的能力，就要探索高難度的問題並針對它去解決。主管不但要努力提高自己的能力，還應指導下屬提高他們自己的能力。

2. 測評題

　　請用「是」、「尚可」或「否」回答下面的問題。

　　⑴對於職轄內現狀、情報、資料、事物等是否若無其事地置之不理，或當作耳邊風？（　　）

　　A. 是　　　　　B. 尚可　　　　　C. 否

　　⑵是否積極地參與問題解決，仔細聽取參與者的意見，並積極地提出建議？（　　）

　　A. 是　　　　　B. 尚可　　　　　C. 否

　　⑶是否面對困難的問題，毫不畏懼，勇於接受挑戰？（　　）

　　A. 是　　　　　B. 尚可　　　　　C. 否

　　⑷是否學習解決問題的手法，並加以使用？（　　）

A. 是　　　　B. 尚可　　　　C. 否

⑸是否詢問別人解決問題的經驗，並閱讀相關書籍？（　　）

A. 是　　　　B. 尚可　　　　C. 否

⑹解決問題時，是否想一想從中學習到了些什麼，得到了那些教訓？（　　）

A. 是　　　　B. 尚可　　　　C. 否

⑺是否與同為主管的人士共同解決問題時，能相互發表意見，共同協商，並舉辦研討會？（　　）

A. 是　　　　B. 尚可　　　　C. 否

⑻借助問題解決是否可以重新評估那些能力的不足，並且努力加強？（　　）

A. 是　　　　B. 尚可　　　　C. 否

⑼平日應記下所留意到的事、有疑問的事以及所關心的事，並研究該如何做比較妥當？（　　）

A. 是　　　　B. 尚可　　　　C. 否

⑽關於問題的解決，需請上司給予評價，或適當的建議、指導與協助？（　　）

A. 是　　　　B. 尚可　　　　C. 否

3.評分標準

選「是」的計 10 分，選「尚可」的計 5 分，選「否」的計 3 分。

4.測評結果分析

80～100 分：表明你解決問題的能力超群，有膽識、果斷、靈活。

65～79 分：表明你有一般問題的解決能力，但對於一些重大或

特別的問題就未必能令人稱道了。

　　64 分以下：表明你的問題解決能力有待提高。今後處理事情時一定要冷靜，三思而後行，從而避免更大的失誤。

　　5.改進方法

　　⑴要積極地參與上司的決策與問題解決。

　　⑵面對高難度的問題，不要畏懼，要勇敢地接受挑戰。

　　⑶經常與人溝通，借鑑別人解決問題的經驗，並加以靈活運用。

　　⑷經常舉辦一些研討會，激發大家的積極性，鼓勵他們發言。

　　⑸解決問題的過程中就能發現自己的不足，針對自己的不足，努力加強這方面的彌補。

　　⑹必要的時候與上司溝通，請求其協助。

培訓師講故事

◎羊來擊鼓把敵騙

　　西元 1206 年，南宋將領畢再遇受命抗擊大舉進犯的金兵。金兵成倍地增兵，結果越聚越多。畢再遇開始盤算如何撤退才能避免敵人的追擊。

　　畢再遇招來軍中謀士商議對策。一位謀士說：「畢將軍，平時，我大宋軍營裏晝夜鼓聲不斷，一來嚇那金兵，二來鼓舞我軍士氣，如果馬上撤兵的話，軍營裏一下子就會斷了鼓聲，那金兵一定就知道了。」

　　畢再遇陷入沉思，過了一會兒，他朗聲大笑：「為什麼不可以讓羊為我們擊鼓？」說完，他向大家說了自己的想法，眾謀

士都點頭稱是。

按照畢再遇的吩咐，士兵們弄來了一批羊和鼓。入夜，宋兵把羊捆綁好了倒吊起來，讓羊的兩隻前蹄恰巧抵在鼓面上。羊被吊得難受，便開始拼命地掙扎，兩隻前蹄不停地亂踢騰。於是鼓就被羊蹄敲響了。

畢再遇指揮將士們，在這鼓聲中悄悄撤離軍營。兩天后，金兵發現宋營沒有動靜，只聽見鼓聲，於是派人前去刺探，結果發現擊鼓的原來是羊，懊悔不已，再準備追擊時，畢再遇的軍隊早已撤到很遠的地方了。

思考導向

在問題的大海中航行時，正確的方法就是螺旋槳，精妙的技巧就是大風帆。只有找對方法與技巧，管理者才能更快地到達勝利的港灣。管理者只要勤於思考，必定能找到攀登問題高山的捷徑。

培訓師講故事

◎為何不去買條船

有這麼一位商界奇才，在他的眼中到處都是商機，到處都是財富，他經營的公司也積累了龐大的財富。

一群企業家向這位商界奇才學習如何成功，商界奇才給這些人出了一道題：

　　「某地發現了一處金礦，於是人們一窩蜂地去開採，然而，途中卻被一條大河擋住了必經之路。如果是你，你會怎麼辦？」

　　「繞道走。」有人說。

　　「乾脆遊過去。」

　　這位商界奇才卻含笑不答，等人們安靜下來，他微微一笑說：「為什麼非要去淘金？為什麼不去買一條船開展營運呢？」

　　全場愕然。

　　他接著說：「在那種情況下，你就是宰得渡客只剩下一條短褲，他們也心甘情願，因為前面就是金礦啊！」

思考導向

　　同樣的問題，不同的人會有不同的答案，但是只有最聰明的人才能抓住問題的本質，找到適合自己的方法，得到自己想要的答案。

　　機會蘊於困難之中。如果有人錯過機會，多半不是機會沒有到來，而是因為他沒有看見機會到來，或是機會過來時他沒有一伸手就抓住它。所以，卓越的管理者不僅能夠著眼於問題，更能夠著眼於機會。

培訓師講故事

◎鄭人要去買鞋穿

　　鄭國有一個人，眼看著自己腳上的鞋子從鞋幫到鞋底都已

破舊，於是準備到集市上去買一雙新的。

這個人去集市之前，在家先用一根小繩量好了自己腳的長短尺寸，隨手將小繩放在座位上，起身就出門了。

一路上，他緊走慢走，走了一二十裏地才來到集市。集市上熱鬧極了，人群熙熙攘攘，各種各樣的小商品擺滿了櫃檯。這個鄭國人徑直走到鞋鋪前，裏面有各式各樣的鞋子。鄭國人讓掌櫃的拿了幾雙鞋，他左挑右選，最後選中了一雙自己覺得滿意的鞋子。他正準備掏出小繩，用事先量好的尺碼來比一比新鞋的大小，忽然想起小繩被擱在家裏忘記帶來。於是他放下鞋子趕緊回家去。

他急急忙忙地返回家中，拿了小繩又急急忙忙趕往集市。儘管他快跑慢跑，還是花了差不多兩個時辰。等他到了集市，太陽快下山了。集市上的小販都收了攤，大多數店鋪已經關門。他來到鞋鋪，鞋鋪也打烊了。他鞋沒買成，再低頭瞧瞧自己腳上，原先那個窟窿現在更大了。他十分沮喪。

有幾個人圍過來，知道情況後問他：「買鞋時為什麼不用你的腳去穿一下，試試鞋的大小呢？」

他回答說：「那可不成，量的尺碼才可靠，我的腳是不可靠的。我寧可相信尺碼，也不相信自己的腳。」

思考導向

管理者要客觀認識書本上的知識。如果總是一切從本本出發，而不從實際出發，將教條當做聖條，認為書本上寫的就是真理、都是對的，就會造成僵化，行動受阻。

在工作中死搬教條、不懂變通就會走進問題的死胡同。因

此，管理者要學會根據客觀實際採取靈活對策，能夠隨機應變、見機行事。

49 創意寫在飛機上

ⓘ 遊戲目的：

為學員的知識共用提供方法。

培養學員的創造性思維能力。

Ⓢ 遊戲人數：10 人

Ⓔ 遊戲時間：20 分鐘

✈ 遊戲場地：室內

Ⓔ 遊戲材料：不同顏色的紙張若干，筆若干

⦿ 遊戲步驟：

1. 將彩色紙張分發給每位學員，並確保他們每個人得到的是不同顏色的紙。

2. 如果學員中有不會折紙飛機的，請演示給他們看，並在短時間內教會他們掌握這門技巧。

3. 讓學員提前折 3 架紙飛機，然後開始團隊培訓會議。

4. 告訴學員，在團隊培訓會議中，無論什麼時候想到任何創意，他們都應該把創意寫在紙飛機的機翼上。

5. 在培訓會議即將結束的時候，讓所有學員將自己的飛機拋向其他夥伴。

6. 讓學員認真閱讀寫在飛機上的創意。如果他們有更好的改進方案或更多的創意，可把它們寫在機翼上，然後讓飛機重新起飛。

7. 鼓勵學員重複遊戲過程，爭取讓所有的學員都能讀到寫在飛機上的創意。

8. 將所有的飛機收集起來，匯總整理所有的創意，以備評估。

 遊戲討論：

1. 你提出了那些創意？這些創意中最吸引你的創意是什麼？

2. 你認為這種方法有什麼價值？

3. 你認為怎樣將這種方法應用到工作中去？

獲得一個最佳創意的方法是：不斷對創意改進一點兒，補充一點兒，直到它成為完美的創意。

只有經過思考、合作、篩選和完善，才能解決好現實問題，才能得到最滿意的結果。

培訓師講故事

◎想要成功就要行動

一天，獅王接到熊貓的報告。報告說狼非常兇殘，經常欺

負弱小動物。弱小動物已被它吃掉了不少，有的連骨頭都沒有留下。獅王聽後大怒，立即簽發了一個文件，嚴屬指出：狼如果不痛下決心改正錯誤，一定嚴懲不貸，予以正法。

不久，獅王又接到羊的告狀信，信中說，狐狸時常玩弄狡猾的伎倆，以各種名目敲詐羊們，一會兒要收青苗種養費，一會兒要收泉水保護費，一會兒要收空氣清潔費，一會兒要收山地使用費……再這樣下去，羊們就生活不下去了。

獅王義憤填膺，大叫：「發個文件，如果狐狸再如此胡作非為，就要給予警告，嚴重警告！」

文件剛發，一群蜜蜂飛來哭訴，說狗熊一天到晚什麼事也不幹，可是吃喝起來卻貪饞無比。蜜蜂們辛辛苦苦了一年，而狗熊們的幾頓「工作餐」，就把蜂蜜吃得差不多了。蜜蜂們過冬的食品都成了問題。

獅王暴跳如雷，憤怒無比：「再發個文件，嚴肅處理！一定要嚴肅處理！」

獅王的文件發了一個又一個，但狼依舊欺淩弱小動物，狐狸依舊勒索錢財，狗熊依舊大吃大喝。

最後，獅王苦惱地向猴子博士請教：「我的態度夠堅決的了，為什麼這些傢伙仍然如此大膽呢？」

猴子博士反問道：「這個問題還需要我來回答嗎？」

思考導向

沒有得到有效執行的制度和文件，就像高高掛起的牆畫，管理的精髓不在於「知」，而在於「行」；不在於「想法」，而在於「行動」，在於「成效」。

結果＝指令＋行動，指令只有經過行動，才會有結果，管理者不能把指令當成結果。

培訓師講故事

◎袁紹不該有拖延

東漢末年，劉備佔據了徐州，對曹操構成嚴重的威脅。

為了掃除威脅，曹操決定殲滅劉備，於是親率二十萬大軍，浩浩蕩蕩地直奔徐州而來。

消息傳到徐州，劉備連忙與部下商議對策，最後決定求救於河北的袁紹。劉備寫了一封信，派孫乾奔赴河北。孫乾首先去見袁紹的謀士田豐，田豐連忙帶他來見袁紹，只見袁紹面容憔悴，衣冠不整。

田豐問：「今日主公何至如此？」

袁紹說：「我將死矣！」

田豐又問：「主公何出此言？」

袁紹說：「吾生五子，惟最幼者極快吾意；今患疥瘡，命已垂絕。吾有何心論他事乎？」

田豐說：「今曹操東征劉玄德，許昌空虛，若以義兵乘虛而入，上可以保天子，下可以救萬民。此不易得之機會也，惟明公裁之。」

袁紹說：「吾亦知此最好，奈我心中恍惚，恐有不利。」

田豐說：「何恍惚之有？」

袁紹說：「五子中惟此子生得最異，倘有疏虞，吾命休矣。」

袁紹決意不肯發兵，他對孫乾說：「汝回見玄德，可言其故。倘有不如意，可來相投，吾自有相助之處。」

田豐用杖擊地說：「遭此難遇之時，乃以嬰兒之病，失此機會！大事去矣，可痛惜哉！」跺腳長歎而去。

結果，袁紹白白喪失了最佳的進攻機會。曹操東征劉備歸來，全力對付袁紹，官渡一戰使袁紹一蹶不振。

思考導向

機不可失，失不再來。面對良機，管理者唯一能做的就是馬上行動，牢牢把握，稍有猶豫或拖延都有可能使機會一去不返。

面對需要解決的眾多事情，管理者需要分清事情的輕重緩急，重要的事情一定要先做，切忌本末倒置、捨本逐末。

培訓師講故事

◎天下沒有免費餐

一個年輕的國王剛剛登上王位，為了治理好他的王國，他下決心要學習天下所有的智慧。因此，他徵召了國內外的智者，命令他們將所有的智慧書都收集起來，供他閱讀和學習。

5 年很快過去了，智者們不辭辛苦地趕回來，身後的駱駝隊馱著 50000 本智慧寶典。國王一看頭都大了，這麼多的書該如

何去看呢？他命令智者們將寶典精簡濃縮之後再拿來給他。

5 年又過去了，智者們再次求見，身後的駱駝隊馱回來 5000 本書，國王仍然嫌太多。

又是 5 年時間，智者們帶回來 100 本巨著，這時國王已被各種問題搞得更加心煩氣躁，可他還是覺得書太多。

又過了 5 年時間，當智者們辛辛苦苦把 100 本巨著濃縮成一本書獻到國王面前的時候，他早已沒有興趣看這本書了，也沒時間去實踐這些智慧了。國內問題叢生，國外敵人不斷入侵，自己也百病纏身，任何智慧都不可能解決他所面臨的問題。他只能又命令智者們把這本書濃縮成一句話，以便留給自己的兒孫。

最後經過了 5 年時間，智者們終於完成了這個課題，他們拿著一張寫有至理名言的紙交給了國王。國王看後，十分滿意，說：「這真是各時代智慧的結晶，我要是早知道這個真理，現在的大部分問題就可以解決了。」

這句千錘百煉的話就是：「天下沒有免費的午餐，不要等待，馬上行動吧！」

思考導向

等待智慧的方式，其實就是懶惰的表現。不勞那有收穫，一味地等下去，只能是一無所有，一片空白。

在尋找高效率的工作方法時，管理者要認識到，沒有一勞永逸的完美方法，只有永不停歇的高效行動。

◎請捐出長椅

森林王國在老虎大王的治理之下，得到快速發展，動物們也越來越富裕。於是，為了提高動物們的生活水準，老虎大王決定建一個供動物們休閒玩耍的森林公園。

沒多久，一個美麗的公園便出現在森林裏，動物們奔相走告，很是高興。可是，過了沒多久，問題就出現了。原來公園裏的長椅很少，動物們去公園沒有休息的地方；而且很多長椅經不起重量大一點的動物，比如大象、長頸鹿之類，很容易壞。老虎大王平時公務又忙，無法派人及時修好，所以動物們意見頗多。

老虎大王決定改善這種現狀。但是，公園那麼大，一張長椅雖然不貴，可很多長椅算下來也是一大筆錢；而且，經常去修長椅，恐怕也沒這個精力。

這時，狐狸軍師提出一個獨特的方法：請動物們主動捐獻長椅。老虎決定採納它的建議。於是向動物們提出，只要誰捐了長椅，就會派人在長椅上裝一個銘牌，寫上紀念某某或某事等字樣。

結果，很多動物都自發捐獻長椅。有的為紀念某一個逝去的親屬，有的為了紀念一個深愛著的人……

從此，公園再也不缺長椅了。

思考導向

　　進行管理創新，需要管理者具備一定的逆向思維能力；當管理上的難題無法從正面解決時，不如換個角度從反方向進行思考，也許就會有所發現。

　　管理者進行管理創新，需要對下屬偏好、需求和意願進行有效把握，這樣不但有助於獲得較好的創新靈感，也更容易取得下屬對創新措施的接受和支持。

50 綜合解決能力測評

1. 測評目的

　　主管必須讓下屬具備積極解決問題的態度，在掌握現狀方面下功夫。基本上要考慮讓下屬瞭解發生問題的因素、阻礙它的因素，以及在積極解決問題方面，對下屬所期望的行動。

2. 測評題

　　請用「是」、「尚可」或「否」回答下面的問題。

　　⑴在討論時，下屬是否把工作中發現或保持的疑問當成話題來討論（　）？

　　A. 是　　　　　B. 尚可　　　　　C. 否

　　⑵下屬是否積極尋找問題、思考問題，並向你提出建議？（　）

　　A. 是　　　　　B. 尚可　　　　　C. 否

⑶下屬平日是否就工作或行為做自我評估，並重新檢討？（　）

A.是　　　　B.尚可　　　　C.否

⑷下屬犯錯誤或失敗，工作未照預定時間完成時，是否只顧道歉、辯解，而沒提出改善的方法？（　）

A.是　　　　B.尚可　　　　C.否

⑸發生問題時不需要指示，下屬是否會自動地提出意見，並進而解決難題？（　）

A.是　　　　B.尚可　　　　C.否

⑹下屬是否向你提出問題解決方面的情報，並公佈給同事們知道？（　）

A.是　　　　B.尚可　　　　C.否

⑺下屬是否知道解決問題的方式、方法等，並且善加利用？（　）

A.是　　　　B.尚可　　　　C.否

⑻下屬是否會相互提出問題、交換意見、協商合作事宜？（　）

A.是　　　　B.尚可　　　　C.否

⑼下屬是否在小組活動、工作座談會或會議上提出工作中的問題，並就解決方法發表意見？（　）

A.是　　　　B.尚可　　　　C.否

⑽下屬是否會與你討論如何透過問題解決使自己有滿足感（充實感），如何提高自己的信心，並能加強問題解決方面的知識？（　）

A.是　　　　B.尚可　　　　C.否

3.評分標準

選「是」的計 10 分，選「尚可」的計 5 分，選「否」的計 3 分。

4.測評結果分析

80～100 分：表明你綜合解決問題能力突出，不論大事、小事

還是突發事件你都能處理得很好。

65～79分：表明你綜合解決問題能力一般，某些方面還有待提高。

65分以下：表明你一遇到棘手的事情，千頭萬緒，根本無從下手，你急需提高這方面的能力。

5.改進方法

⑴碰到問題時，找出問題的真正原因。

⑵解決問題的對策也許有很多，但真正的重點對策只有幾項，因此要配合問題的緊急性、重要性、妥當性，在許多對策中選出幾項效果最大的重點對策。

⑶訂出問題解決的行動計劃。只有這樣，你才可能整合人、財、物等各項資源，在一定的期間內有效率地解決你的問題。

培訓師講故事

◎巫醫對她的指點

從前，有一位婦女很為她丈夫煩惱。因為她的丈夫不再喜歡她了，絲毫也不在乎她是高興還是難過。

於是，這個女人跑到當地一個巫醫那裏講述了她的苦惱。她覺得自己的婚姻不幸福,很可憐。她很著急地問這個巫醫：「您能否給我一些魅力，讓我丈夫重新覺得我可愛？」

巫醫想了一會兒答道：「我能幫助你，但在我告訴你秘訣前，你必須從活獅子身上拔下3根毛給我。」

女人謝了巫醫便走出了他家門，走到離家不遠的地方時，

她在一塊石頭上坐了下來。

「我怎麼能拔下獅子身上的毛呢？」她想起確實有一頭獅子常常來村裏，可它那麼兇猛，吼叫聲那麼嚇人。

「我應該怎麼辦呢？」她想了半天，終於想出了辦法。

第二天早晨，她早早起來，牽了只小羊去那頭獅子經常來村子溜達的地方。她焦急地等待著。終於獅子出現了。

「必須利用這個機會。」她很快站起來，把小羊放在獅子必定經過的小道上，便回家了。以後每天早晨她都要牽一隻羊給獅子。

不久，這頭獅子便認識了她，因為她總在同一時間、同一地點放一隻溫馴的小羊在它經過的道上以討它的喜歡。她確實是一個溫柔、殷勤的女人。

不久，獅子一見到她便開始向她搖尾巴打招呼，並走近她，讓她敲敲它的頭，摸摸它的背。每天女人都會靜靜地站在那兒，輕輕地拍拍它的頭，女人知道獅子已完全信任她了。於是，有一天，她細心地從獅子的鬃上拔了 3 根毛，並興奮地把它拿到巫醫的住處。

她激動地對巫醫說：「看！我已經弄到了！」她把 3 根毛交給了巫醫。

「你用什麼絕招弄到的？」巫醫驚奇地問她。

女人便講了她如何耐心地得到這 3 根獅毛的經過。

巫醫笑了起來，上前對她說道：「以你馴服獅子的方法去馴服你丈夫吧！」

思考導向

對於難於解決的問題，管理者不能操之過急，而應當以循序漸進的方式逐步解決。

有時，下屬在工作中遇到的難題，不是其不願意解決，而是其缺乏解決問題的正確方法。此時，管理者應對其進行正確有效的指導，使其逐步找到解決問題的正確方向。

培訓師講故事

◎如何處理爭妻案

清朝時，劉某之女小嬌先後許嫁給三家：一個武官的兒子，一個商人，一個小財主。三家人為娶小嬌，互不相讓，告到了縣衙。孫知縣受理「爭妻」案後，思索再三方才理出一個頭緒，於是宣佈開庭審案。

武官的兒子申訴說：「小嬌是自幼由她父母做主許配給我的，理應我娶。」

商人說：「你一走十多年，沒有音訊，小嬌的父親死了，小嬌的母親才把小嬌許配給我，理應我娶。」

小財主說：「你去經商，一走兩年，連個話也沒捎回來，小嬌已 18 歲，不能在家久等，我已送了聘禮，理應我娶。」

於是，孫知縣就讓小嬌從中挑選一個。小嬌含羞低頭，一言不發。孫知縣連連逼問，小嬌又羞又恨，一氣之下喊道：「我

想死！」

孫知縣一拍驚堂木道：「一女嫁三夫，古來未有，看來此案只有如此，方可了結！來人！拿毒酒來！」一個差役應聲走到孫知縣面前，孫知縣寫下一張字據，命差役去庫房中取毒酒。

差役將「毒酒」取來，小嬌捧起「毒酒」喝下肚去，不一會兒直挺挺地躺倒在地上。孫知縣對堂下的三個男人說：「你們誰要此女，就把她拉走！」

三個男人你看我，我看你，都不開口。最後還是武官的兒子走上前去背起地上的「死屍」，大步走出公堂。

武官的兒子背著小嬌回到客店，忽然發現小嬌還有一口氣。於是把小嬌放到床上，守候在床邊，當天晚上，小嬌醒來，恢復如初，兩人遂結為夫妻。

原來，孫知縣在字據上寫的幾個字是：取麻藥酒。孫知縣巧施「迂迴」之計，終於使這一棘手的「爭妻」案得以完美解決。

思考導向

當管理者遇到複雜棘手的問題時，有時只需順應問題的發展，採取「偷樑換柱」的方法，就可以讓問題順勢而解。

在解決下屬間的糾紛時，管理者要充分瞭解並考慮下屬的意願和想法，選擇符合大眾利益的方法，以確保問題能夠完美解決。

培訓師講故事

◎利用大鐘找罪犯

陳述古字密直，曾出任過建州浦城縣令。當時，有人失竊，抓到一些盜竊犯。陳述古就對犯人說：「某廟裏有一口鐘，能辨認強盜，靈驗極了。」

他派人把那口鐘搬到後院，然後把抓到的嫌疑犯帶到鐘前，對他們說：「不是強盜，摸了鐘不會發出聲音來；是強盜，摸了鐘會發生聲音。」

陳述古親自率領同僚，對鐘禱告，十分肅敬。祭祀完畢，用帷帳把鐘圍起來，暗中派人用墨塗在鐘上。過了不久，帶過囚犯，命令他們——伸手進帳內摸鐘。出來後就檢驗他們的手。他們手上都有墨，惟有一個囚犯無墨。這樣，就訊問此囚犯，此囚犯供認了盜竊行為。

因為他害怕鐘會發出聲音來，所以不敢去摸。

思考導向

做賊心虛，只要把握住犯罪者的心理，就能夠迅速破案。同樣，只有在競爭中抓住對手的心理，才能有的放矢。

在實際工作中，與對手的交鋒不僅要深入探知其內心，更要從其內心出發來尋找適合採用的方法，從而才能夠百戰不殆、大有斬獲。

臺灣的核心競爭力，就在這裏！

圖 書 出 版 目 錄

下列圖書是由臺灣的憲業企管顧問（集團）公司所出版，秉持專業立場，特別注重實務應用，50餘位顧問師為企業界提供最專業的經營管理類圖書。

選購企管書，請認明品牌：**憲 業 企 管 公 司**。

---

1. 傳播書香社會，直接向本出版社購買，一律9折優惠，郵遞費用由本公司負擔。服務電話(02)27622241　(03)9310960　傳真(03)9310961

2. 付款方式：請將書款轉帳到我公司下列的銀行帳戶。
   - 銀行名稱：合作金庫銀行（敦南分行）　帳號：**5034-717-347447**
     公司名稱：憲業企管顧問有限公司
   - 郵局劃撥號碼：**18410591**　郵局劃撥戶名：憲業企管顧問公司

3. 圖書出版資料隨時更新，請見網站 www.bookstore99.com

～～～經營顧問叢書～～～

25	王永慶的經營管理	360元	125	部門經營計劃工作	360元
47	營業部門推銷技巧	390元	129	邁克爾‧波特的戰略智慧	360元
52	堅持一定成功	360元	130	如何制定企業經營戰略	360元
56	對準目標	360元	135	成敗關鍵的談判技巧	360元
60	寶潔品牌操作手冊	360元	137	生產部門、行銷部門績效考核手冊	360元
72	傳銷致富	360元			
78	財務經理手冊	360元	139	行銷機能診斷	360元
79	財務診斷技巧	360元	140	企業如何節流	360元
86	企劃管理制度化	360元	141	責任	360元
91	汽車販賣技巧大公開	360元	142	企業接棒人	360元
97	企業收款管理	360元	144	企業的外包操作管理	360元
100	幹部決定執行力	360元	146	主管階層績效考核手冊	360元
106	提升領導力培訓遊戲	360元	147	六步打造績效考核體系	360元
122	熱愛工作	360元	148	六步打造培訓體系	360元

149	展覽會行銷技巧	360 元	230	診斷改善你的企業	360 元
150	企業流程管理技巧	360 元	232	電子郵件成功技巧	360 元
152	向西點軍校學管理	360 元	234	銷售通路管理實務〈增訂二版〉	360 元
154	領導你的成功團隊	360 元			
155	頂尖傳銷術	360 元	235	求職面試一定成功	360 元
160	各部門編制預算工作	360 元	236	客戶管理操作實務〈增訂二版〉	360 元
163	只為成功找方法，不為失敗找藉口	360 元	237	總經理如何領導成功團隊	360 元
			238	總經理如何熟悉財務控制	360 元
167	網路商店管理手冊	360 元	239	總經理如何靈活調動資金	360 元
168	生氣不如爭氣	360 元	240	有趣的生活經濟學	360 元
170	模仿就能成功	350 元	241	業務員經營轄區市場（增訂二版）	360 元
176	每天進步一點點	350 元			
181	速度是贏利關鍵	360 元	242	搜索引擎行銷	360 元
183	如何識別人才	360 元	243	如何推動利潤中心制度（增訂二版）	360 元
184	找方法解決問題	360 元			
185	不景氣時期，如何降低成本	360 元	244	經營智慧	360 元
186	營業管理疑難雜症與對策	360 元	245	企業危機應對實戰技巧	360 元
187	廠商掌握零售賣場的竅門	360 元	246	行銷總監工作指引	360 元
188	推銷之神傳世技巧	360 元	247	行銷總監實戰案例	360 元
189	企業經營案例解析	360 元	248	企業戰略執行手冊	360 元
191	豐田汽車管理模式	360 元	249	大客戶搖錢樹	360 元
192	企業執行力（技巧篇）	360 元	250	企業經營計劃〈增訂二版〉	360 元
193	領導魅力	360 元	252	營業管理實務（增訂二版）	360 元
198	銷售說服技巧	360 元	253	銷售部門績效考核量化指標	360 元
199	促銷工具疑難雜症與對策	360 元	254	員工招聘操作手冊	360 元
200	如何推動目標管理（第三版）	390 元	256	有效溝通技巧	360 元
201	網路行銷技巧	360 元	257	會議手冊	360 元
204	客戶服務部工作流程	360 元	258	如何處理員工離職問題	360 元
206	如何鞏固客戶（增訂二版）	360 元	259	提高工作效率	360 元
208	經濟大崩潰	360 元	261	員工招聘性向測試方法	360 元
215	行銷計劃書的撰寫與執行	360 元	262	解決問題	360 元
216	內部控制實務與案例	360 元	263	微利時代制勝法寶	360 元
217	透視財務分析內幕	360 元	264	如何拿到 VC（風險投資）的錢	360 元
219	總經理如何管理公司	360 元			
222	確保新產品銷售成功	360 元	267	促銷管理實務〈增訂五版〉	360 元
223	品牌成功關鍵步驟	360 元	268	顧客情報管理技巧	360 元
224	客戶服務部門績效量化指標	360 元	269	如何改善企業組織績效〈增訂二版〉	360 元
226	商業網站成功密碼	360 元			
228	經營分析	360 元	270	低調才是大智慧	360 元
229	產品經理手冊	360 元	272	主管必備的授權技巧	360 元

275	主管如何激勵部屬	360 元	307	招聘作業規範手冊	420 元
276	輕鬆擁有幽默口才	360 元	308	喬•吉拉德銷售智慧	400 元
277	各部門年度計劃工作（增訂二版）	360 元	309	商品鋪貨規範工具書	400 元
278	面試主考官工作實務	360 元	310	企業併購案例精華（增訂二版）	420 元
279	總經理重點工作（增訂二版）	360 元	311	客戶抱怨手冊	400 元
282	如何提高市場佔有率（增訂二版）	360 元	312	如何撰寫職位說明書(增訂二版)	400 元
283	財務部流程規範化管理（增訂二版）	360 元	313	總務部門重點工作（增訂三版）	400 元
284	時間管理手冊	360 元	314	客戶拒絕就是銷售成功的開始	400 元
285	人事經理操作手冊（增訂二版）	360 元	315	如何選人、育人、用人、留人、辭人	400 元
286	贏得競爭優勢的模仿戰略	360 元	316	危機管理案例精華	400 元
287	電話推銷培訓教材（增訂三版）	360 元	317	節約的都是利潤	400 元
288	贏在細節管理（增訂二版）	360 元	318	企業盈利模式	400 元
289	企業識別系統 CIS（增訂二版）	360 元	《商店叢書》		
290	部門主管手冊（增訂五版）	360 元	18	店員推銷技巧	360 元
291	財務查帳技巧（增訂二版）	360 元	30	特許連鎖業經營技巧	360 元
292	商業簡報技巧	360 元	35	商店標準操作流程	360 元
293	業務員疑難雜症與對策（增訂二版）	360 元	36	商店導購口才專業培訓	360 元
294	內部控制規範手冊	360 元	37	速食店操作手冊〈增訂二版〉	360 元
295	哈佛領導力課程	360 元	38	網路商店創業手冊〈增訂二版〉	360 元
296	如何診斷企業財務狀況	360 元	40	商店診斷實務	360 元
297	營業部轄區管理規範工具書	360 元	41	店鋪商品管理手冊	360 元
298	售後服務手冊	360 元	42	店員操作手冊（增訂三版）	360 元
299	業績倍增的銷售技巧	400 元	43	如何撰寫連鎖業營運手冊〈增訂二版〉	360 元
300	行政部流程規範化管理（增訂二版）	400 元	44	店長如何提升業績〈增訂二版〉	360 元
301	如何撰寫商業計畫書	400 元	45	向肯德基學習連鎖經營〈增訂二版〉	360 元
302	行銷部流程規範化管理（增訂二版）	400 元	47	賣場如何經營會員制俱樂部	360 元
303	人力資源部流程規範化管理（增訂四版）	420 元	48	賣場銷量神奇交叉分析	360 元
304	生產部流程規範化管理（增訂二版）	400 元	49	商場促銷法寶	360 元
			51	開店創業手冊〈增訂三版〉	360 元
305	績效考核手冊(增訂二版)	400 元	53	餐飲業工作規範	360 元
306	經銷商管理手冊(增訂四版)	420 元	54	有效的店員銷售技巧	360 元

55	如何開創連鎖體系〈增訂三版〉	360 元
56	開一家穩賺不賠的網路商店	360 元
57	連鎖業開店複製流程	360 元
58	商鋪業績提升技巧	360 元
59	店員工作規範（增訂二版）	400 元
60	連鎖業加盟合約	400 元
61	架設強大的連鎖總部	400 元
62	餐飲業經營技巧	400 元
63	連鎖店操作手冊（增訂五版）	420 元
64	賣場管理督導手冊	420 元
65	連鎖店督導師手冊（增訂二版）	420 元
66	店長操作手冊（增訂六版）	420 元
67	店長數據化管理技巧	420 元

《工廠叢書》

13	品管員操作手冊	380 元
15	工廠設備維護手冊	380 元
16	品管圈活動指南	380 元
17	品管圈推動實務	380 元
20	如何推動提案制度	380 元
24	六西格瑪管理手冊	380 元
30	生產績效診斷與評估	380 元
32	如何藉助 IE 提升業績	380 元
35	目視管理案例大全	380 元
38	目視管理操作技巧(增訂二版)	380 元
46	降低生產成本	380 元
47	物流配送績效管理	380 元
51	透視流程改善技巧	380 元
55	企業標準化的創建與推動	380 元
56	精細化生產管理	380 元
57	品質管制手法〈增訂二版〉	380 元
58	如何改善生產績效〈增訂二版〉	380 元
67	生產訂單管理步驟〈增訂二版〉	380 元
68	打造一流的生產作業廠區	380 元
70	如何控制不良品〈增訂二版〉	380 元
71	全面消除生產浪費	380 元
72	現場工程改善應用手冊	380 元
75	生產計劃的規劃與執行	380 元

77	確保新產品開發成功（增訂四版）	380 元
79	6S 管理運作技巧	380 元
80	工廠管理標準作業流程〈增訂二版〉	380 元
81	部門績效考核的量化管理（增訂五版）	380 元
83	品管部經理操作規範〈增訂二版〉	380 元
84	供應商管理手冊	380 元
85	採購管理工作細則〈增訂二版〉	380 元
87	物料管理控制實務〈增訂二版〉	380 元
88	豐田現場管理技巧	380 元
89	生產現場管理實戰案例〈增訂三版〉	380 元
90	如何推動 5S 管理（增訂五版）	420 元
92	生產主管操作手冊(增訂五版)	420 元
93	機器設備維護管理工具書	420 元
94	如何解決工廠問題	420 元
95	採購談判與議價技巧〈增訂二版〉	420 元
96	生產訂單運作方式與變更管理	420 元
97	商品管理流程控制(增訂四版)	420 元
98	採購管理實務〈增訂六版〉	420 元
99	如何管理倉庫〈增訂八版〉	420 元

《醫學保健叢書》

1	9 週加強免疫能力	320 元
3	如何克服失眠	320 元
4	美麗肌膚有妙方	320 元
5	減肥瘦身一定成功	360 元
6	輕鬆懷孕手冊	360 元
7	育兒保健手冊	360 元
8	輕鬆坐月子	360 元
11	排毒養生方法	360 元
13	排除體內毒素	360 元
14	排除便秘困擾	360 元
15	維生素保健全書	360 元
16	腎臟病患者的治療與保健	360 元

17	肝病患者的治療與保健	360 元
18	糖尿病患者的治療與保健	360 元
19	高血壓患者的治療與保健	360 元
22	給老爸老媽的保健全書	360 元
23	如何降低高血壓	360 元
24	如何治療糖尿病	360 元
25	如何降低膽固醇	360 元
26	人體器官使用說明書	360 元
27	這樣喝水最健康	360 元
28	輕鬆排毒方法	360 元
29	中醫養生手冊	360 元
30	孕婦手冊	360 元
31	育兒手冊	360 元
32	幾千年的中醫養生方法	360 元
34	糖尿病治療全書	360 元
35	活到120歲的飲食方法	360 元
36	7天克服便秘	360 元
37	為長壽做準備	360 元
39	拒絕三高有方法	360 元
40	一定要懷孕	360 元
41	提高免疫力可抵抗癌症	360 元
42	生男生女有技巧〈增訂三版〉	360 元

《培訓叢書》

11	培訓師的現場培訓技巧	360 元
12	培訓師的演講技巧	360 元
15	戶外培訓活動實施技巧	360 元
17	針對部門主管的培訓遊戲	360 元
20	銷售部門培訓遊戲	360 元
21	培訓部門經理操作手冊（增訂三版）	360 元
23	培訓部門流程規範化管理	360 元
24	領導技巧培訓遊戲	360 元
25	企業培訓遊戲大全(增訂三版)	360 元
26	提升服務品質培訓遊戲	360 元
27	執行能力培訓遊戲	360 元
28	企業如何培訓內部講師	360 元
29	培訓師手冊（增訂五版）	420 元
30	團隊合作培訓遊戲(增訂三版)	420 元
31	激勵員工培訓遊戲	420 元

32	企業培訓活動的破冰遊戲（增訂二版）	420 元
33	解決問題能力培訓遊戲	420 元

《傳銷叢書》

4	傳銷致富	360 元
5	傳銷培訓課程	360 元
10	頂尖傳銷術	360 元
12	現在輪到你成功	350 元
13	鑽石傳銷商培訓手冊	350 元
14	傳銷皇帝的激勵技巧	360 元
15	傳銷皇帝的溝通技巧	360 元
19	傳銷分享會運作範例	360 元
20	傳銷成功技巧（增訂五版）	400 元
21	傳銷領袖（增訂二版）	400 元
22	傳銷話術	400 元

《幼兒培育叢書》

1	如何培育傑出子女	360 元
2	培育財富子女	360 元
3	如何激發孩子的學習潛能	360 元
4	鼓勵孩子	360 元
5	別溺愛孩子	360 元
6	孩子考第一名	360 元
7	父母要如何與孩子溝通	360 元
8	父母要如何培養孩子的好習慣	360 元
9	父母要如何激發孩子學習潛能	360 元
10	如何讓孩子變得堅強自信	360 元

《成功叢書》

1	猶太富翁經商智慧	360 元
2	致富鑽石法則	360 元
3	發現財富密碼	360 元

《企業傳記叢書》

1	零售巨人沃爾瑪	360 元
2	大型企業失敗啟示錄	360 元
3	企業併購始祖洛克菲勒	360 元
4	透視戴爾經營技巧	360 元
5	亞馬遜網路書店傳奇	360 元
6	動物智慧的企業競爭啟示	320 元
7	CEO拯救企業	360 元
8	世界首富　宜家王國	360 元
9	航空巨人波音傳奇	360 元

10	傳媒併購大亨	360 元

《智慧叢書》

1	禪的智慧	360 元
2	生活禪	360 元
3	易經的智慧	360 元
4	禪的管理大智慧	360 元
5	改變命運的人生智慧	360 元
6	如何吸取中庸智慧	360 元
7	如何吸取老子智慧	360 元
8	如何吸取易經智慧	360 元
9	經濟大崩潰	360 元
10	有趣的生活經濟學	360 元
11	低調才是大智慧	360 元

《DIY 叢書》

1	居家節約竅門 DIY	360 元
2	愛護汽車 DIY	360 元
3	現代居家風水 DIY	360 元
4	居家收納整理 DIY	360 元
5	廚房竅門 DIY	360 元
6	家庭裝修 DIY	360 元
7	省油大作戰	360 元

《財務管理叢書》

1	如何編制部門年度預算	360 元
2	財務查帳技巧	360 元
3	財務經理手冊	360 元
4	財務診斷技巧	360 元
5	內部控制實務	360 元
6	財務管理制度化	360 元
8	財務部流程規範化管理	360 元
9	如何推動利潤中心制度	360 元

為方便讀者選購,本公司將一部分上述圖書又加以專門分類如下:

《主管叢書》

1	部門主管手冊（增訂五版）	360 元
2	總經理行動手冊	360 元
4	生產主管操作手冊（增訂五版）	420 元
5	店長操作手冊（增訂六版）	420 元
6	財務經理手冊	360 元
7	人事經理操作手冊	360 元

8	行銷總監工作指引	360 元
9	行銷總監實戰案例	360 元

《總經理叢書》

1	總經理如何經營公司(增訂二版)	360 元
2	總經理如何管理公司	360 元
3	總經理如何領導成功團隊	360 元
4	總經理如何熟悉財務控制	360 元
5	總經理如何靈活調動資金	360 元

《人事管理叢書》

1	人事經理操作手冊	360 元
2	員工招聘操作手冊	360 元
3	員工招聘性向測試方法	360 元
5	總務部門重點工作	360 元
6	如何識別人才	360 元
7	如何處理員工離職問題	360 元
8	人力資源部流程規範化管理（增訂四版）	420 元
9	面試主考官工作實務	360 元
10	主管如何激勵部屬	360 元
11	主管必備的授權技巧	360 元
12	部門主管手冊（增訂五版）	360 元

《理財叢書》

1	巴菲特股票投資忠告	360 元
2	受益一生的投資理財	360 元
3	終身理財計劃	360 元
4	如何投資黃金	360 元
5	巴菲特投資必贏技巧	360 元
6	投資基金賺錢方法	360 元
7	索羅斯的基金投資必贏忠告	360 元
8	巴菲特為何投資比亞迪	360 元

《網路行銷叢書》

1	網路商店創業手冊〈增訂二版〉	360 元
2	網路商店管理手冊	360 元
3	網路行銷技巧	360 元
4	商業網站成功密碼	360 元
5	電子郵件成功技巧	360 元
6	搜索引擎行銷	360 元

《企業計劃叢書》

1	企業經營計劃〈增訂二版〉	360 元
2	各部門年度計劃工作	360 元
3	各部門編制預算工作	360 元
4	經營分析	360 元
5	企業戰略執行手冊	360 元

在海外出差的⋯⋯⋯⋯
臺 灣 上 班 族

　　愈來愈多的台灣上班族，到海外工作（或海外出差），對工作的努力與敬業，是台灣上班族的核心競爭力；一個明顯的例子，返台休假期間，台灣上班族都會抽空再買書，設法充實自身專業能力。

　　[憲業企管顧問公司]以專業立場，為企業界提供最專業的各種經營管理類圖書。

　　85%的台灣上班族都曾經有過購買（或閱讀）[憲業企管顧問公司]所出版的各種企管圖書。

　　建議你：工作之餘要多看書，加強競爭力。

建立企業圖書館

當市場競爭激烈時：

培訓員工，強化員工競爭力 是企業最佳對策

「人才」是企業最大的財富。如何提升人才，是企業永續經營、戰勝對手的核心競爭力。積極培訓公司內部員工，是經濟不景氣時期的最佳戰略，而最快速的具體作法，就是「建立企業內部圖書館，鼓勵員工多閱讀、多進修專業書籍」

建議您：請一次購足本公司所出版各種經營管理類圖書，作為貴公司內部員工培訓圖書。使用率高的（例如「贏在細節管理」），準備 3 本；使用率低的（例如「工廠設備維護手冊」），只買 1 本。

培訓叢書 ㉝   售價：420 元

解決問題能力培訓遊戲

西元二〇一六年三月   初版一刷

編輯指導：黃憲仁

編著：吳克禮

策劃：麥可國際出版有限公司（新加坡）

編輯：蕭玲

校對：劉飛娟

發行人：黃憲仁

發行所：憲業企管顧問有限公司

電話：（02）2762-2241　　（03）9310960　　0930872873

電子郵件聯絡信箱：huang2838@yahoo.com.tw

銀行 ATM 轉帳：合作金庫銀行　　帳號：5034-717-347447

郵政劃撥：18410591　　憲業企管顧問有限公司

江祖平律師顧問：紙品書、數位書著作權與版權均歸本公司所有

登記證：行政業新聞局版台業字第 6380 號

本公司徵求海外版權出版代理商　（0930872873）

本圖書是由憲業企管顧問（集團）公司所出版，以專業立場，為企業界提供最專業的各種經營管理類圖書。

圖書編號 ISBN：978-986-369-038-2